KB117878

사소해서
물어보지 못했지만
궁금했던
이야기

사소해서
물어보지 못했지만
궁금했던
이야기

일상에서 발견하는 호기심 과학

사물궁이 잡학지식 지음

arte

세상에 중요하지 않은 궁금증은 없다

저는 유튜브에서 '사물궁이 잡학지식'이라는 채널을 운영하고 있습니다. 사물궁이는 이 책의 제목이기도 한 '사소해서 물어보지 못했지만 궁금했던 이야기'의 준말이고, 말 그대로 사소한 궁금증을 해결하는 콘텐츠를 제작합니다.

이 콘텐츠가 처음 탄생한 것은 2016년입니다. 미용실에서 머리를 깎고 나서 감겨 줄 때 목에 힘을 줘야 할지 빼야 할지가 궁금해서 여러 미용사에게 자문한 뒤에 글을 썼습니다. 정말 사소하지만 의외로 많은 사람이 평소에 알고 싶어 하는 주제였기에 반응이 좋았습니다. 이때 첫 반응이 좋지 않았더라면 아마 사물궁이는 그대로 끝났을 겁니다.

사물궁이 시리즈를 여러 매체에 연재하면서 많은 힘든 일이 있었습니다. 결국 불투명한 미래를 글 쓰는 일만으로 지속할 수는 없다고 판단하고, 마지막 도전이라고 생각하며 그동안 써 놨던 글들을 애니메이션 영상으로 만들어서 유튜브에 올렸습니다. 그리고 불과 일 년 만에 구독자 백만 명을 모으게 됐습니다. 똑같은 일을 계속

해 오다가 방식만 바꿨을 뿐인데 갑자기 많은 관심을 받게 되자 한 편으로는 허무했지만 물론 많이 기쁘기도 했습니다. 그간 열심히 노력했던 일이 지금에서야 빛을 발하는 것이라는 생각으로, 우연히 얻은 이 기회에 감사한 마음을 갖고 항상 열심히 하려고 노력하고 있습니다.

이 책은 위와 같은 과정을 거쳐 탄생한 사물궁이 잡학지식의 콘텐츠 중 일부를 다듬어서 실었습니다. 총 40편의 글과 그림이 '몸에 관한 이야기', '궁이 실험실', '생활 궁금증', '동물에 관한 이야기', '잡학 상식'의 다섯 개 부로 나뉘어 있습니다. 어떤 내용은 어린 독자들이 읽기에는 약간 어려울 수도 있겠으나, 과학적 이론이나 원리 등을 깊게 다루는 것은 아니므로 궁금증을 해결하는 데에는 무리가 없을 것이라고 생각합니다.

이 일을 하며 깨달은 사실은 세상에 중요하지 않은 궁금증은 없다는 겁니다. 당연히 답이 있을 것이라고 생각한 질문들을 조사해보면 아직 밝혀지지 않은 것이 너무 많고, 의미 없어 보이던 것들에도 우리 삶과 관련해 매우 중요한 이야기들이 숨어 있었습니다. 저는 오늘도 새로운 콘텐츠를 만들기 위해 일상의 당연한 일들을 당연하지 않은 관점에서 생각해 보려고 노력하고 있습니다. 이 책을 읽는 분들도 사고의 폭을 넓혀서 세상을 좀 더 재미있게 바라보았으면 합니다. 세상에 이유 없이 만들어진 것은 없습니다. 이 책도 그러하길 바랍니다.

차례

1부

사소해서 물어보지 못했던
몸에 관한 이야기

오래 잤는데도 피곤하고

잠깐 졸았는데도 개운하다?

01

아침에 일어난 직후는
왜 그렇게 피곤할까?

항상 그런 것은 아니지만, 아침에 일어난 직후 유난히 피곤할 때가 있습니다. 아마 잠을 충분히 자지 못했기 때문이라고 생각할 겁니다. 그래도 억지로 일어나서 씻고 밥을 먹는 등의 활동을 하면 평소 상태로 금방 돌아옵니다. 여기서 의문이 생깁니다. 잠을 충분히 자지 못했더라도 일단 잠을 잤으면 자기 전보다 덜 피곤해야 하지 않을까요?

보통 사람의 권장 수면 시간은 7~9시간이라고 하는데, 잠을 못 잤다고 하더라도 자긴 잤을 겁니다. 이와 반대로 너무 피곤해서 외부에서 깜빡 졸았을 때 고작 10~20분밖에 눈을 못 붙였음에도 개운한 느낌을 받으며 깬 경험이 있을 겁니다. 길게 잤음에도 피곤하고, 짧게 잤음에도 개운하다는 아이러니한 상황을 이해하기 위해서

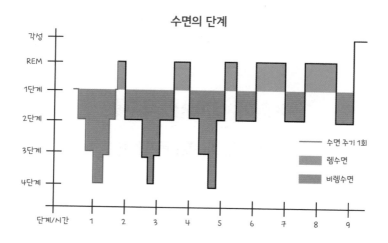

수면의 단계

는 수면의 과정을 알아야 합니다.

수면은 단순히 '자다-깨다'의 과정이 아닙니다. 수면에는 다섯 단계가 있다고 알려졌는데, 1~4단계를 **비렘수면**non-REM이라고 하고, 나머지 단계를 **렘수면**rapid eye movement, REM이라고 합니다. 수면의 모든 단계를 한 번 완주하기 위해서는 90~120분의 시간이 필요합니다. 따라서 하룻밤에 7~9시간 정도 잠을 잔다면 이와 같은 수면 주기를 네다섯 번 반복하게 됩니다.

수면 1단계에서는 작은 소리에도 눈이 떠집니다. 이 상태에서 5분 정도가 지나면 2단계로 넘어가고 두 개의 뇌파가 확인됩니다. 10~15분이 더 지나면 3단계로 넘어가며 뇌파가 규칙적으로 변하고 혈압과 맥박, 호흡 등이 안정됩니다. 4단계는 숙면의 상태로 잠에서 쉽게 깨지 않습니다. 참고로 숙면하는 동안 신진대사가 감소하고, 낮에 고갈된 신경전달물질이 충전되며, 성장호르몬을 비롯한 여러 호르몬이 분비되므로 이 단계는 매우 중요합니다.

4단계에서 일정 시간이 흐르면 렘수면으로 진입합니다. 렘수면에서는 자율신경계 활동이 활발해지면서 혈압과 맥박, 체온 등이 상승하고 호흡이 가빠집니다. 이때 근육 긴장도는 최저 수준으로 감소하여 온몸의 근육이 이완됩니다. 보통 렘수면에서 꿈을 꾸는데, 꿈은 깨어 있는 동안 수집한 정보를 장기 기억으로 전환하고 쌓인 감정을 처리해 줍니다.

그런데 이런 수면 주기는 우리가 일어날 시간에 맞춰서 유동적으로 작동하지 않습니다. 만약 숙면 단계에서 알람이 울린다면 깨기

뇌파가 안정되면서 깊은 잠으로 들어간다.

REM

나도 좀 쉬자.

우리가 꿈꾸는 동안
근육은 쉬고 있다.

힘든 상태에서 억지로 깨야 하므로 극심한 피로를 느끼게 됩니다. 따라서 얕은 수면 단계에서 잠을 깨는 것이 좋습니다. 어떻게 해야 얕은 수면에서 깰 수 있을까요?

수면의 단계별 소요 시간을 이용해 언제 잠을 자야 개운하게 일어날 수 있는지 계산하는 방법이 있습니다. 예를 들어서 수면 주기가 90분이고 잠에 들기까지 10~20분이 걸린다고 가정해 보겠습니다. 아침 9시에 일어나려면 자정에 잠에 들거나 새벽 1시 30분 또는 3시 또는 4시 30분에 자야 수면 1~2단계에서 깰 확률이 높을 겁니다. 직접 계산하기 어렵다면 이 원리를 활용한 웹사이트sleepyti.me 또는 애플리케이션을 활용해서 계산할 수도 있습니다.

그러나 이러한 방법은 오차 범위가 넓어서 효과를 못 보는 사람이 많습니다. 정확도를 높이고 싶다면 스마트 워치 또는 스마트 밴드를 활용하는 방법이 있는데, 해당 기기들은 사용자의 수면 중 움직임을 파악해 수면 패턴을 분석해 줍니다. 더 나아가서 사용자가 설정한 알람 시간에서 가장 가까운 얕은 수면 단계일 때 알람을 울려서 최적의 시간에 잠을 깰 수 있도록 도와주는 기능이 있습니다.

그러나 얕은 수면만 해도 좋다고 오해해서는 안 됩니다. 충분한 렘수면을 위해서 7~9시간 동안 잠을 자야 합니다. 렘수면이 부족하면 충분히 잠을 잤음에도 몸이 피곤하고, 반대로 렘수면이 너무 많아도 맥박, 혈압, 호흡, 체온 등이 올랐다가 내렸다를 반복하면서 피곤해질 수 있습니다.

앞서 말했듯 10~20분 밖에 잠을 못 잤음에도 개운하다고 느낀 이유는 숙면의 단계로 진입하기 전에 깼기 때문입니다. 만약 평소에 충분히 수면을 취하지 않았다면 언제 일어나든 항상 피곤할 겁니다.

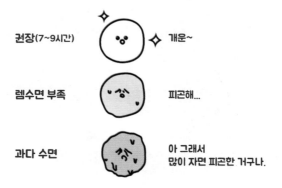

02

자다가 갑자기
움찔하는 이유는?

수면 중 본인의 의지와 상관없이 갑자기 몸을 움찔하는 경우가 있습니다. 자느라 느끼지 못했을 수도 있지만 대부분 사람이 살면서 한 번쯤 겪는 흔한 증상입니다. 이 증상을 경험하면 깜짝 놀라 잠에서 깨기도 하는데, 집에서 혼자 잘 때라면 다시 잠들면 그만이지만 집이 아닌 곳에서 잠깐 눈을 붙일 때 이런 일을 겪으면 매우 창피합니다. 워낙 많은 사람에게서 나타나는 증상이어서 다양한 이름이 있는데, **수면 놀람증** sleep start 으로 많이 불리고 수면 경련 hypnic jerk 이나 근간대성 경련 myoclonic seizure 등으로도 불립니다.

수면 놀람증은 주로 높은 곳에서 떨어지는 꿈을 꿀 때 경험하는 것으로 알려졌지만 이런 꿈을 꾸지 않아도 발생합니다. 몸에 특별한 문제가 있어서 그런 것은 아니므로 걱정하지 않아도 됩니다. 근육 경련으로 인해 나타나는 증상이고, 주로 깊은 수면에 빠지기 직전에 많이 발생합니다. 그 원인이 뭘까요?

사람이 수면에 빠지기 시작하면 심박수가 떨어지고 근육이 이완합니다. 그리고 얕은 수면에서 시작하여 가벼운 수면, 깊은 수면, 렘수면 순으로 진입하고, 수면 단계를 넘어갈 때마다 근육이 점점 더 이완합니다.(14~15쪽 참고) 그런데 피로가 극심하거나 스트레스를 많이 받으면 몸이 긴장 상태를 유지하려고 합니다. 긴장 상태가 잠들기 직전까지 지속되면 수면을 제대로 할 수 없고, 수면 중에도 근육 이완이 정상적으로 이루어지지 않습니다. 이때 우리 몸은 깜짝 놀라서 깨게 되고, 이게 바로 수면 놀람증입니다.

수면 놀람증은 피로와 스트레스를 겪을 때뿐만 아니라 늦은 시간까지 운동을 열심히 하거나 커피를 섭취하는 등 뇌를 각성시키는

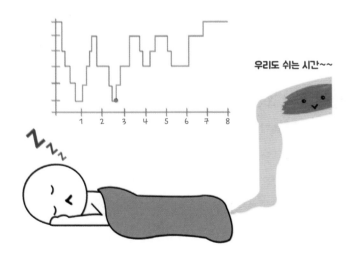

우리도 쉬는 시간~~

으아아아아아아

zZZ

으으윽... 피가...

으윽... 안 돼...

뇌는 자라고 하지만 몸은 아직 준비가 안 됐다.

행동을 했을 때도 발생합니다. 그런데 잘 생각해 보면 이런 증상은 집에서 잠을 잘 때보다 외부에서 잠깐 졸 때 더 많이 경험합니다. 왜 그럴까요?

일단 익숙하지 않은 자세나 중력에 반하는 자세에서는 깊은 수면에 들기 어렵습니다. 그러니까 뇌는 수면에 빠지려고 하는데 신체는 아직 준비가 안 됐고 여전히 원활한 혈액 순환이 필요합니다. 이런 상태에서 억지로 수면에 빠지면 근육이 이완되고 심박수가 약해

지면서 혈액 순환이 정상적으로 이루어지지 않으므로 수면 놀람증이 더 쉽게 일어납니다.

이외에도 수면 놀람증을 둘러싼 재미있는 주장들이 있습니다. 체온 상승을 위한 본능이라는 주장을 들어봤을 겁니다. 수면에 빠지면 체온이 떨어지는데, 이때 떨어진 체온을 다시 올리기 위해 움찔하며 몸을 떠는 것이라는 이야기입니다. 또한 진화론에 따른 주장도 있습니다. 우리의 조상인 영장류는 나무에서 자다가 떨어질 위험이 있었습니다. 무방비 상태로 높은 곳에서 떨어지면 크게 다칠 수 있기에 잠을 자다가 떨어지는 느낌이 조금이라도 들면 낙상이 발생하지 않도록 재빨리 깨어나는 본능이 생겼고, 이것이 현대인에게도 남아 있다는 주장입니다. 꽤 흥미롭지만 신빙성은 없으므로 재미로만 읽어 주길 바랍니다.

끝으로 이 증상을 경험해도 건강에는 문제가 없다고 했으나, 너무 자주 겪는다면 질병이 아닌지 의심해 봐야 합니다. 보통 하지초조 증후군이라는 간질의 형태로 발생하는데, 이는 약물을 통해서 쉽게 치료할 수 있습니다.

내가 한 얘기 아니야?

재미로 한~~

공공장소에서 수면 놀람증에 대처하는 유형

① 누가 봤나 하고 자연스럽게 둘러본 다음에 다시 잔다.

② 잠에서 안 깬 척 계속 고개를 처박고 있다가 다시 잔다.

③ 남들의 시선을 신경 안 쓰는 척 오히려 활발하게 움직인다.

03

뽑힌 머리카락 끝에 달린
투명한 것은 뭘까?

머리카락을 몇 가닥 뽑은 뒤 뿌리 쪽을 자세히 살펴보면 일부 머리카락에서 투명한 젤리 같은 것이 모발의 끝 부분을 감싸고 있는 것을 확인할 수 있습니다. 만져 보면 쉽게 떼어낼 수 있는 이것의 정체는 무엇일까요? 모근, 모낭, 피지, 단백질 덩어리, 두피, 영양분, DNA 등 정말 다양한 의견이 있었습니다만, 결론부터 말하면 이것의 정체는 **헤어 캐스트**hair cast입니다. 머리카락을 뽑았을 때 헤어 캐스트가 보이는 이유를 이해하기 위해서는 모발의 발생 과정을 알아야 합니다.

모발은 생장기, 퇴행기, 휴지기의 3단계 주기를 갖습니다. 생장기에는 모근에 있는 세포가 활발히 분열하면서 모발이 자라고, 퇴행기에는 모근이 표피 근처로 점점 올라옵니다. 그러다 휴지기에 이

생장기   퇴행기   휴지기

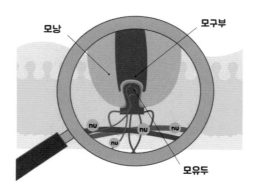

모낭   모구부

모유두

르면 기존 모발이 빠지고, 다시 아래에서 **모구부**와 **모유두**가 결합하면서 새로운 모발을 생성합니다.

다음으로 모발의 구조를 알아보겠습니다. 먼저 모발은 **모낭** follicle 에서 시작합니다. 모낭은 모발을 만드는 피부 기관으로, 표피가 피하조직으로 움푹 들어가면서 생성됩니다. 피부 속에 있는 모발은 **모근** hair root, 피부 밖으로 나온 모발은 **모간** hair shaft이라고 합니다. 모낭은 모근을 전체적으로 감싸 주어 보호하는 역할을 합니다. 모낭 아랫부분은 **모구부** hair bulb를 감싸고 있고, 그 바깥쪽으로 **모유두** hair papilla가 있습니다. 모유두에는 많은 혈관이 분포하여 새로운 세포를 형성하기 위한 영양분을 공급해 주고, 모유두를 덮고 있는 **모모세포**germinal matrix가 모유두로부터 영양분을 받아서 열심히 세포를 분열해 모발을 성장시킵니다.

모발을 구성하는 요소들 중에서 헤어 캐스트와 직접적으로 관련이 있는 것은 모낭의 일부인 **내모근초**inner root sheath와 **외모근초**outer root sheath입니다. 모낭의 안쪽을 내모근초라고 하고 바깥쪽을 외모근초라고 하는데, 이들은 모구부 근처에서 세포 분열로 만들어져서 모발이 생장할 때 함께 올라갑니다. 퇴행기까지 모근과 함께하며 모근이 표피를 향해 올라가는 일을 도와주다가, 모발 표층의 세포가 각질을 이루는 각화 현상이 일어나면서 모발이 탈락하면 모근초도 비듬이 되어 두피에서 떨어집니다.

그런데 모발이 완전히 각화해서 탈락하기 전에 인위적으로 뽑히

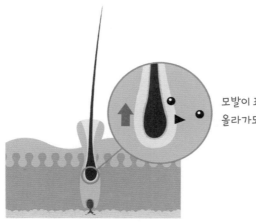

모발이 표피까지
올라가도록 돕는 모근초

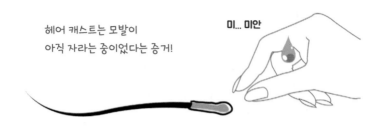

헤어 캐스트는 모발이
아직 자라는 중이었다는 증거!

미... 미안

면 어떻게 될까요? 성장 중인 상태에서 뽑힌 머리카락에는 아직 비듬이 되어 없어지기 전의 모근초들이 붙어 있을 겁니다. 즉, 뽑힌 머리카락 끝에 달린 투명한 물질의 정체는 내모근초와 외모근초의 일부이고, 이는 모발이 생장 중이었다는 의미입니다. 이와 같은 이유로 자연적으로 탈락한 모발에서는 헤어 캐스트를 볼 수 없고, 이런 모발은 휴지기가 지났으므로 모근이 위축해서 뿌리가 뭉툭하지도 않습니다.

모발에 관한 Q&A

Q. 머리카락을 뽑으면 그 자리에 새 머리카락이 안 나나요?

A. 그렇지 않습니다. 다만, 습관적으로 발모하면 모낭에 손상이 가서 새 모발이 자라지 않을 수도 있습니다.

Q. 눈썹은 왜 계속 자라지 않나요?

A. 눈썹 모발의 생장기가 짧아서 그렇습니다. 성인 기준으로 머리카락의 생장기는 2~8년이고, 퇴행기는 2~3주, 휴지기는 3~4개월입니다. 이와 달리 눈썹의 생장기는 30~45일, 퇴행기는 2~3주, 휴지기는 100일 정도입니다. 즉, 눈썹은 주기적으로 자라고 있으며 어느 정도 자라면 빠집니다. 이 과정을 모르면 눈썹이 자라지 않는 것처럼 보일 뿐입니다.

Q. 털을 깎으면 더 굵게 자라나요?

A. 모근을 뽑지 않는 이상 모발에 특별한 변화는 없습니다. 면도할 때 모발의 굵은 단면이 보이므로 마치 털이 더 굵어진 것처럼 느껴질 뿐입니다.

Q. 나이가 들면 왜 백발로 변하나요?

A. 생장기에 생성되는 멜라닌 색소가 줄어들기 때문입니다.

이 자식,
대머리 되면
책임질 거냐?!

잠깐!!
눈 감고 눈꺼풀을 누르지 마시고
일단 읽어 주시길 바랍니다.

04

눈 감고 눈꺼풀을 누르면
보이는 섬광은 뭘까?

눈을 감은 상태에서 눈꺼풀을 지그시 눌러보면 형태를 정의할 수 없는 다채로운 섬광이 커졌다가 작아졌다가 하는 등 다양한 형태로 움직이는 것을 관찰할 수 있습니다. 이 현상은 **광시증**, **포스핀**phosphene **현상**, **안내 섬광**, **엔톱틱**entoptic **현상**, **눈섬광** 등 다양한 이름(이하 광시증)으로 불립니다. 광시증이 발생했을 때 대부분 대수롭지 않게 넘기거나 눈을 감은 채로 눈에 보이는 형태를 좇아가 봤을 겁니다. 그런데 가만히 생각하면 이해하기 힘든 현상입니다. 눈을 감았는데 밝은 섬광이 보인다니, 어떻게 이런 일이 가능한 걸까요?

안구의 구조는 32쪽의 그림과 같으며, 안구는 탄성이 좋은 조직

* 이 글은 김무연 님(강남 GS안과 대표원장)의 도움을 받았습니다.

이라서 누르면 눌리고 떼면 원래 모양으로 돌아옵니다. 광시증은 안구를 누르는 것과 같이 망막에 빛 이외의 물리적인 자극이 작용할 때 순간적으로 발생하는 현상입니다.

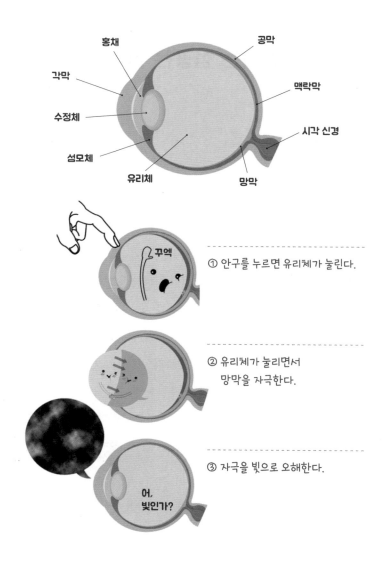

① 안구를 누르면 유리체가 눌린다.

② 유리체가 눌리면서 망막을 자극한다.

③ 자극을 빛으로 오해한다.

안구를 누르면 안구에서 가장 큰 부피를 차지하며 투명한 젤의 형태로 존재하는 구조물인 유리체가 눌립니다. 유리체가 눌리면서 여기에 부착된 망막이 자극을 받고, 이때 발생한 자극을 빛으로 잘못 인식할 때 광시증이 일어납니다.

사실 우리가 눈을 감는다고 해서 안구의 기능이 멈추는 것은 아닙니다. 망막은 여전히 자기 역할을 수행하고 있고, 단지 눈꺼풀이 그 앞을 가릴 뿐입니다. 따라서 이 상태에서 물리적인 자극이 발생하면, 안구는 본래의 기능을 수행하는 과정에서 이 자극을 빛으로 오인할 수 있습니다.

아울러 안구에 물리적인 자극을 가하는 행위를 해선 안 됩니다. 안구를 누르거나 뗄 때 유리체가 망막을 누르고 잡아당기므로 자칫 망막이 찢어질 수 있습니다. 그래서 안구에 강한 타격을 받으면 맥락막에서 망막이 떨어지는 망막 박리가 일어나기도 하는 겁니

안구에 자극을 가하는 행위는 위험하다!

오우...
마이... 갓...

유리체와 망막이 서로 잡아당겼다 떨어지면서 생기는 망막 박리

다. 또한 사람이 나이를 먹으면 노화 현상에 따라 유리체가 점점 액체로 변하면서 망막으로부터 분리되기 시작합니다. 그래서 나이 든 사람에게서 광시증이 자주 관찰됩니다.

앞으로 눈을 문지르는 행위는 웬만하면 피하고, 엎드려서 잠을 청할 때도 눈이 눌리지 않게 해 주는 것이 좋습니다. 만약 광시증이 자주 발생한다면 안과에 내원해서 정밀 검사를 받아야 합니다. 망막박리 상태를 오랫동안 방치하면 망막에 혈류 공급이 차단되고, 자칫 실명에 이를 수도 있습니다.

비문증이란?

가끔씩 눈에 아지랑이 또는 작은 벌레 같은 것이 보이는 이유를 묻는 질문을 많이 받는데, 이 현상은 비문증(날파리증)이라고 합니다. 노화 현상으로 유리체가 액체로 변함에 따라 유리체끼리 뭉치거나 주름이 지는 과정에서 혼탁과 찌꺼기가 발생합니다. 이렇게 만들어진 부유 물질의 그림자가 눈에 비치는 것이 아지랑이 또는 작은 벌레의 정체입니다. 물론 노화만이 비문증의 원인은 아니고, 생리적인 이유로 젊은 사람에게서도 나타나는 현상입니다. 만약 일상생활에 불편을 겪는 경우라면 합병증으로 인해 나타난 증상일 수도 있으므로 안과에 내원해서 정밀 검진을 받아야 합니다.

05

눈물 언덕을 누르면
왜 소리가 날까?

많은 현대인이 만성 피로에 시달립니다. 인체에서 특히 피로감을 많이 느끼는 부위가 눈이며, 장시간 동안 눈을 뜨고 있으면 시큰거리기도 하고 따갑기도 합니다. 이때 사람들은 배운 적이 없어도 손가락을 이용해 눈 주변을 마사지합니다. 주로 눈물 언덕 쪽을 엄지와 검지 또는 엄지와 중지로 꾹꾹 눌러 주는데, 이렇게 하면 눈 안쪽에서 공기 방울이 터지는 듯한 소리나 '쩍쩍' 하는 소리가 나기도 합니다. 그러고 나면 눈이 개운해지면서 온몸의 피로가 해소되는 것처럼 느껴집니다. 여기서 위 제목과 같은 의문이 생깁니다. 눈물 언덕을 누르면 왜 이상한 소리가 나는 걸까요?

* 이 글은 김무연 님(강남 GS안과 대표원장)의 도움을 받았습니다.

사람은 눈을 통해 세상을 볼 수도 있고, 눈을 감아서 보지 않을 수도 있습니다. 이는 눈 주변 근육들을 이용해서 눈꺼풀을 원하는 대로 움직일 수 있기 때문입니다. 마음대로 움직일 수 있다고 해서 **수의근**(의지에 따라 힘으로 수축시킬 수 있는 근육)으로 오해하기도 하는데, 눈꺼풀은 **불수의근**(의지와 관계없이 자율적으로 움직이는 근육)입니다. 덕분에 우리가 신경 쓰지 않아도 눈꺼풀이 자동으로 깜빡입니다.

눈의 깜빡임은 눈이 장시간 외부 환경에 노출됐을 때 수분이 증발하여 건조해지는 것을 예방하고, 먼지 등의 이물질이 눈에 들어갔을 때 이를 제거하기 위해서입니다. 이때 눈꺼풀과 함께 일하는 부위가 바로 **눈물샘**입니다. 눈물샘에서 소량의 눈물을 지속적으로 분비하면, 분비된 눈물을 눈꺼풀이 깜빡이면서 안구 전체에 넓게 펴 줍니다. 눈물에는 기름 성분이 섞여 있어서 잘 펴집니다.

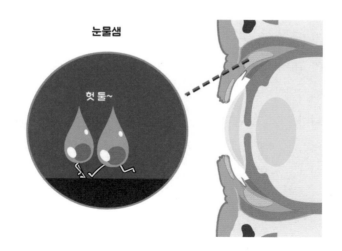

그런데 사무직 직장인이나 학생처럼 컴퓨터 화면과 책 등을 오랫동안 봐야 하는 사람은 스스로 의식하지 못하는 사이에 눈을 계속 뜨고 있으려고 합니다. 자주 깜빡이지 않으면 수분이 증발하면서 안구가 점점 건조하고 뻑뻑해집니다. 눈은 코와 연결되므로 눈이 건조해지면 눈과 코를 연결하는 **눈물소관**이라는 통로도 건조하고 좁아집니다. 그러면서 이 통로에 공기가 차기 시작해, 손으로 눈물 언덕 쪽을 눌러 주면 여기에 차 있던 공기가 빠지면서 통로가 뚫립니다. 이 과정에서 소리가 나고, 막힌 부분이 뚫리니 시원한 느낌이 듭니다. 바꿔 말하면, 이 부위를 눌렀을 때 소리가 난다는 것은 눈이 건조하다는 것이고, 그만큼 오랜 시간 눈을 뜨고 있었다는 의미입니다.

소리가 너무 자주 나는 경우는 안구건조증 초기 증상일 수 있으니 진료를 받아 보는 것도 좋습니다. 하지만 소리가 난다고 무조건 눈에 이상이 있는 것은 아니므로 크게 걱정하지는 않아도 됩니다.

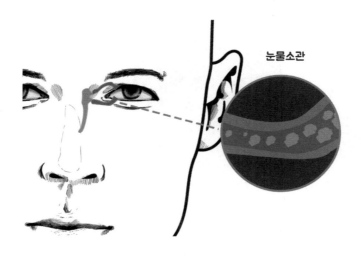

눈물소관

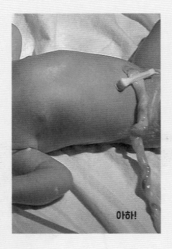

06

신생아의 탯줄을 안 자르면
어떻게 될까?

정자의 핵과 난자의 핵이 만나서 만들어진 수정란은 난할이라고 하는 세포분열 과정을 거쳐 자궁 내막에 착상한 다음 태아를 형성합니다. 이후 태아를 둘러싼 장막과 모체의 자궁 내벽에서 떨어져 나온 탈락막이 합쳐져 태반을 형성하고, 태반에서 탯줄이 나와 태아의 배꼽에 연결됩니다. 성숙한 태아의 탯줄은 지름이 약 1~2센티미터, 길이가 약 50센티미터이며, 두 개의 동맥과 한 개의 정맥으로 이루어집니다. 모체의 산소와 영양분이 태반에서 탯줄의 정맥을 통해 공급되어 태아의 심장을 지나고, 순환을 거쳐 탯줄의 동맥을 통해 다시 태반으로 배설됩니다. 즉, 탯줄은 태반과 태아를 연결하여 산소와 영양소를 공급하고 노폐물을 처리해 줌으로써 태아가 생존할 수 있게 하는 중요한 역할을 합니다.

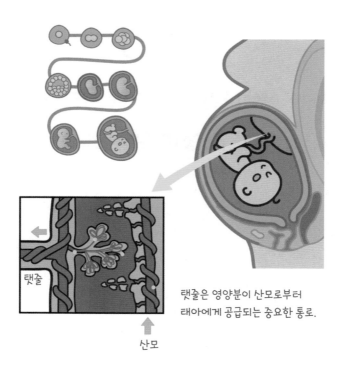

탯줄은 영양분이 산모로부터
태아에게 공급되는 중요한 통로.

태아는 엄마 배 속에서 탯줄을 통해 산소와 영양분을 공급받으면
서 지내다가 때가 되면 탯줄을 연결한 채로 세상에 나오게 됩니다.
보통은 아이의 아빠나 의사가 탯줄을 잘라 주는데, 자르지 않으면
안 되는 걸까요?

결론을 말하면, 탯줄은 자르지 않아도 자연적으로 분리됩니다. 출
생 직후 10~45분 이내에 산모의 몸에서 탯줄과 함께 태반이 배출
되고, 만약 탯줄을 자르지 않으면 신생아는 태반과 연결된 상태로
지내야 합니다. 그러다 약 열흘이 지나면 탯줄이 자연적으로 신생

아의 몸에서 분리됩니다. 이때까지 탯줄과 태반을 놔두는 출산 방식을 **연꽃 출산**lotus birth이라고 합니다. 태반에 연결된 탯줄과 신생아의 모습이 마치 연꽃 같다고 하여 붙여진 이름으로, 태반에 있는 영양분을 아기가 최대한 흡수하길 바라는 마음에서 이런 출산 방식을 택하는 부모들이 있습니다.

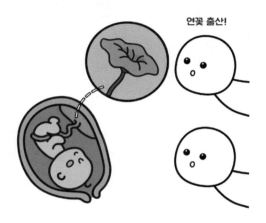

실제로 출생 직후에 탯줄을 바로 자르면 신생아에게 좋지 않다고 합니다. 세계보건기구World Health Organization, WHO 권고 기준에 따르면 1~3분 정도 기다렸다가 자르는 것이 좋다고 하는데, 이 시간 동안에 신생아가 호르몬과 항체, 줄기세포, 혈액, 비타민 K 등의 유용한 영양소를 태반으로부터 공급받기 때문입니다.

의사들은 연꽃 출산을 권장하지 않습니다. 아무래도 감염의 우려가 있어서입니다. 태반과 탯줄은 산모의 몸에서 나온 직후 15~20분

출생 후 약 1~3분 후
탯줄을 자르는 것이 바람직하다.

정도 맥박을 지속하다가 멈춥니다. 이후의 태반은 죽은 조직입니다. 따라서 시간이 지나면 부패하면서 악취가 심하게 납니다. 연꽃 출산을 하는 경우에는 이 악취를 숨기기 위해 포푸리와 암염 rock salt 등을 태반과 탯줄에 뿌려 놓는다고 합니다.

아기가 건강하게 자랐으면 하는 마음에서 하는 행동이지만, 자칫 위험할 수 있으므로 연꽃 출산은 권장하지 않습니다. 무엇보다 태반 주머니를 신생아와 함께 달고 다니는 것은 쉬운 일이 아니고, 이 과정에서 감염에 쉽게 노출됩니다. 따라서 탯줄은 의사의 판단하에 자르는 것이 맞습니다.

신생아가 태반을 달고 있으면 감염 위험이 높아진다!

　추가로 탯줄과 관련해 많이 궁금해하는 질문이 '탯줄을 자르면 신생아와 산모 중 누가 아플까?'입니다. 이에 대한 답변을 하자면, 탯줄에는 신경세포가 존재하지 않으므로 아기와 산모 모두 통증을 느끼지 않습니다.

궁금증이
해결되었나요?

억울하게 죽은 사람은 눈을 뜨고 죽는다?

07

사람은 눈을 뜨고 죽을까
감고 죽을까?

죽음은 거의 모든 생명체가 언젠가는 겪는 마지막 순간입니다. 하지만 자신의 죽음은 볼 수 없고, 다른 사람의 임종을 지켜보는 일도 흔한 경험은 아닙니다. 드라마나 영화에서 많이 봤을 텐데, 등장인물이 죽는 장면에서 마치 스위치를 끈 것처럼 온몸에 힘이 빠지면서 숨을 거둡니다. 이때 인물을 자세히 관찰하면 눈을 서서히 감는 것을 알 수 있습니다. 사람이 죽을 때는 눈이 저절로 감기는 걸까요? 이와 관련해서 억울하게 죽은 사람은 눈을 뜨고 죽는다는 속설도 있습니다. 이 속설을 달리 해석해 보면 평범하게 죽은 사람은 눈을 감고 죽는다는 말인데, 과연 사실일까요?

사람의 눈은 분당 15~20회의 주기로 깜빡이면서 눈물샘에서 분비된 소량의 눈물을 안구 전체에 넓게 퍼뜨립니다. 이를 통해 안구

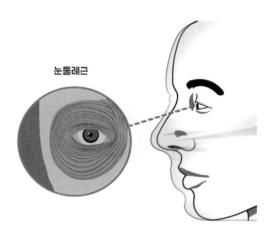

눈둘레근

고리 모양의 눈둘레근이 눈꺼풀의 개폐를 담당한다.

를 건조하지 않게 유지하고 이물질도 제거합니다. 이때 눈꺼풀은 눈 주변 근육의 수축과 이완 작용에 따라 여닫기를 반복합니다. 앞선 의문을 해결하려면 사람이 죽을 때 눈 주변의 근육이 어떻게 작용하는지 알아야 합니다.

여러분에게 이에 대해 물어보면 아마 대부분 **사후경직**을 떠올리면서 근육이 수축한다고 대답할 겁니다. 하지만 사후경직은 죽자마자 발생하는 것이 아니라, 2~3시간에 걸친 근육의 이완 작용 이후에 나타나는 현상입니다. 따라서 눈을 감은 상태에서 죽은 사람도 근육이 이완하면서 눈꺼풀이 열릴 수 있습니다.

이 현상을 구체적으로 이해하기 위해서 사후경직에 대해 좀 더 알아보겠습니다. 우리가 근육을 움직일 때는 ATP^{Adenosine Tri-Phosphate}라는 에너지를 사용합니다. ATP는 모든 생물의 에너지 대사에 필요한 물질로 신체에서 지속적으로 생산됩니다. 하지만 죽으면 ATP를 더는 생산할 수 없으므로 근육 내의 ATP가 점차 소진됩니다. ATP가 살아 있을 때의 85퍼센트 수준으로 떨어지면 근육의 경직이 시작되고, 더 떨어질수록 경직은 심해집니다. 이 과정이 바로 사후경직입니다. 그러니까 ATP를 일정 수준 이상 소진하기 전까지는 사후경직이 일어나지 않고 눈둘레근이 이완하므로, 사망 직전에 눈을 감았다고 하더라도 시간이 지나면서 눈이 반쯤 떠질 수 있습니다.

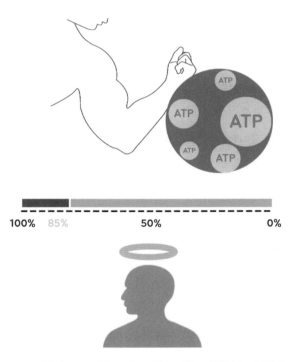

ATP가 생전의 85퍼센트 이하로 떨어지면 사후경직이 시작된다.
대개 사후 2~3시간 안에 나타나기 시작해 1~2일간 지속된다.

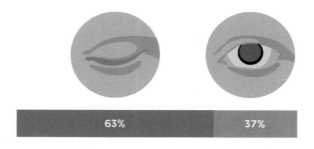

임종 직전 환자의 눈꺼풀 개폐 여부

　그러면 억울하게 죽은 사람은 정말 눈을 뜨고 죽을까요? 죽기 직전에 극도로 놀라거나 긴장한 일이 있었다면 사후경직이 더 빠르게 진행되며, 이를 **즉시성 사후경직**이라고 합니다. 이때는 실제로 눈을 뜨고 죽었을 확률이 높습니다. 하지만 임종 직전 환자 100명의 눈꺼풀 개폐 여부를 관찰한 연구 자료에 따르면 즉시성 사후경직이 아니더라도 37퍼센트의 사람이 눈을 뜨고 죽었다고 합니다. 아무래도 죽기 직전에는 호흡이 가쁘고 몸에 힘이 없어서 눈을 뜨고 있기가 힘들 겁니다. 그래서 눈을 감은 상태로 죽음을 맞는 사람이 더 많은 것으로 보입니다.

장례 중에 고인의 눈이 떠지면 어떻게 할까?

장례 절차 중 입관 때 가족과 고인이 마지막 만남을 갖습니다. 입관 전에 고인의 시신을 씻긴 뒤에 수의를 입히고 단장하는 염습 단계을 거치는데, 이 과정에서 시신의 눈이 떠지지 않도록 조치한다고 합니다. 만약 시신의 눈이 잘 감겨 있다면 가족에게 고인의 생전과 같은 자연스러운 모습을 보여 주기 위해 별다른 조치를 하지 않지만, 눈이 너무 심하게 떠지는 경우에는 일차적으로 눈꺼풀에 물을 묻혀서 붙여 줍니다. 그래도 안 되면 탈지면을 잘라서 눈꺼풀 밑에 넣어 주는 방법을 씁니다. 물론 장례 지도사에 따라 구체적인 방법은 다를 수 있습니다.

* 이 글은 장례 지도사 임지용 님의 도움을 받았습니다.

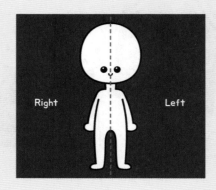

Right   Left

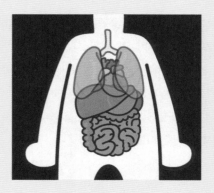

08

신체 외부는 좌우대칭인데
내부는 왜 비대칭일까?

사람의 외관은 완벽한 좌우대칭이라고 말하긴 어려워도 크게 보아 대칭을 이룬다고 말할 수 있습니다. 하지만 내부 장기를 들여다보면 비대칭입니다. 사실 사람뿐만 아니라 자연계 대부분의 생명체가 그러한데, 짚신벌레라는 단세포 생명체조차도 세포 소기관(세포핵, 세포막, 미토콘드리아, 리보솜, 소포체, 골지체 등 세포를 구성하는 작은 기관들)이 비대칭으로 되어 있습니다. 왜 그럴까요?

명확한 이유가 밝혀진 것은 아니어도, 많은 과학자가 이를 두고 생명체 내부의 한정된 공간을 최대한 효율적으로 활용하기 위해서라고 주장합니다. 내부 비대칭 현상의 핵심은 수정된 배아에서 분

* 이 글은 이선호 님(과학 커뮤니케이터, 유튜브 채널 '과분사' 운영)의 도움을 받았습니다.

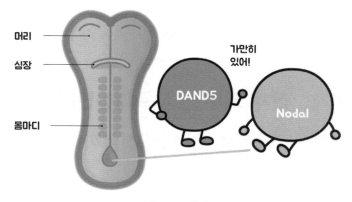

인간 배아의 등면

비되는 노달Nodal 단백질입니다. 노달 단백질은 장기에 분포해 장기가 성장하는 데 도움을 주지만, 평소에는 DAND5라는 단백질에 막혀서 제 기능을 하지 못합니다. 그러다가 DAND5가 분해되면서 노달 단백질이 장기를 성장시킬 때가 있습니다. 그게 언제일까요?

장기 표면에는 섬모들이 있습니다. 장기 중앙의 섬모는 다이네인Dynein이라는 모터 단백질 등에 의해 시계 방향으로 회전하는 반면, 장기 왼쪽과 오른쪽 측면의 섬모는 회전하지 않습니다. 회전하는 섬모들은 세포 바깥 공간에 유체의 흐름을 만들어 내고, 이 흐름은 아주 중요한 기능을 합니다.

장기의 왼쪽 측면을 확대해서 보면 폴리시스틴-2Polycystin-2, PKD2라는 채널 단백질(특정 물질의 통로 역할을 하는 단백질)이 있는데, PKD2가 유체의 흐름을 인지하면 닫혀 있던 채널이 열리면서 칼슘 이온들이 유입되고 이 칼슘이 다양한 인자를 활성화합니다. 그중에서 BICC1 단백질을 활성화하면 다이서Dicer 단백질과 함께 작용해 DAND5 단백질을 분해합니다. DAND5 단백질이 없어지면 노달 단백질이 기능할 수 있습니다. 즉, 노달 단백질의 활성화로 장기 한 쪽이 성장하게 되고, 이런 편측성이 비대칭을 유발합니다.

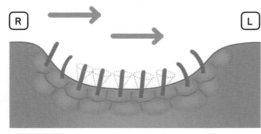

장기 중앙의 섬모들이
회전하면서
유체의 흐름을 만든다.

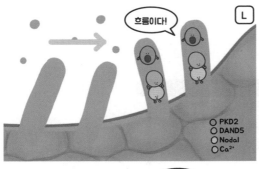

PKD2 채널 단백질이
유체의 흐름을 인지한다.

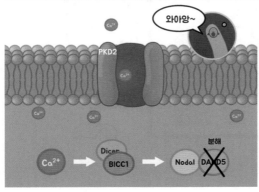

채널이 열리면서
칼슘 이온이 유입된다.

칼슘에 의해 활성화된 인자들이
DAND5 단백질을 분해하면
노달 단백질이 기능하게 된다.

그렇다면 섬모들이 반대 방향으로 회전하면서 유체의 흐름을 다르게 만들면 어떻게 될까요? 쥐를 활용한 몇몇 실험에서 섬모가 기울어지는 현상을 조절하는 유전자를 조작했더니 장기의 위치가 뒤바뀌는 결과가 나왔습니다.

앞서 칼슘의 역할에 대해 잠깐 언급했는데, 이와 관련해 2004년 미국 소크생물학연구소에서 진행한 실험을 소개하는 논문이《네이처 Nature》에 게재되었습니다. 연구팀은 닭의 수정란에서 심장 분화 유전자를 조절하는 부위에 오메프라졸 omeprazole 이라는 화학 물질을 적용해 칼슘이 합성되지 않도록 처리했습니다. 그러자 배아의 4분의 1에서 심장이 등 쪽으로 뒤틀리는 현상이 발생했습니다. 흥미로운 점은 칼슘을 다시 공급해 주자 정상으로 돌아왔다는 것입니다.

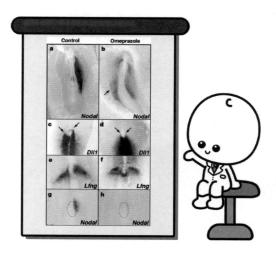

소크생물학연구소의 닭 수정란 실험 결과(사진은 해당 논문에서 인용)

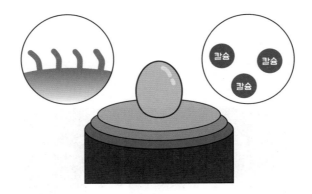

이 실험을 통해 섬모의 회전이나 칼슘의 작용 등이 생명체의 내부 비대칭을 유발한다는 사실을 알 수 있었습니다.

이렇게 다양한 요인이 작용하므로 원인을 명확하게 설명하는 데는 어려움이 있으나, 많은 과학자가 비밀을 밝히기 위해 노력하고 있습니다.

앗, 이번엔 반대쪽이 막히네.

09

감기에 걸리면
왜 한쪽 코만 주로 막힐까?

코는 왜 주로 한쪽만 막히는 걸까요? 감기에 걸렸을 때 많은 사람이 이런 궁금증을 가져 봤을 겁니다. 물론 증상이 심할 때는 양쪽 코가 모두 막히기도 하지만 일반적으로 한쪽 코가 먼저 막히곤 합니다. 이유가 뭘까요?

이런 의문을 품은 사람은 대부분 코막힘의 원인이 콧물에 있다고 생각합니다. 코로 유입된 공기의 흐름을 콧물이 차단해서 코가 막힌다는 것인데, 그렇다면 한쪽 코씩 번갈아 가면서 콧물이 많이 생기는 걸까요? 많은 양의 콧물이 코막힘의 원인이 될 수는 있습니다. 하지만 이럴 때 코를 아무리 풀어도 코막힘이 나아지지는 않습니다. 순간적으로 코가 뚫리는 듯한 느낌은 들 수 있어도 금세 똑같아집니다. 이 증상의 원인은 **비주기**nasal cycle에 있습니다.

사람은 두 개의 콧구멍을 모두 이용해서 숨을 쉬는 게 아니라 자율신경계에 의해 한쪽씩 번갈아 가면서 숨을 쉽니다. 사람에 따라 몇 시간 주기로 양쪽 콧구멍의 코점막이 수축과 팽창을 교대로 하며 기능하고, 이를 비주기라고 합니다. 비주기의 목적은 명확히 밝혀지지 않았으나 코에 휴식할 시간을 주기 위해서라는 게 지금까지 학계의 정설입니다.

직접 확인하고 싶다면 엄지손가락으로 왼쪽 콧구멍과 오른쪽 콧구멍을 번갈아 막으며 숨을 들이마셔 보면 됩니다. 한쪽은 숨을 들이마시는 게 크게 어렵지 않은데, 다른 한쪽은 약간 버겁다는 사실을 알 수 있을 겁니다. 코에 특별한 이상이 없는 사람이라면 평소에 이 차이를 느끼지 못합니다. 그런데 날씨가 추워지거나 병균이 들어오는 등 자극이 발생하면 신경전달물질이 코의 안쪽, 즉 비강에

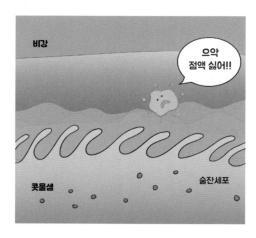

비강에 자극이 발생하면 이를 방어하기 위해 콧물샘과 배상세포에서 점액을 분비한다. 이것이 바로 콧물의 정체!

있는 콧물샘과 술잔세포(비점막의 위쪽에 늘어서 있는 점액 분비 세포)에서 점액을 분비하도록 유도합니다. 그런데 이때 단순히 콧물의 양만 늘어나는 게 아닙니다.

비강에는 양옆 벽에 붙어 있는 **비갑개**(코선반)라는 부위가 있습니다. 비갑개는 얇은 막에 의해 위에서부터 **상비갑개**(위 코선반), **중비갑개**(가운데 코선반), **하비갑개**(아래 코선반)로 구분됩니다. 이들 비갑개는 각자 역할이 있습니다. 그중 하비갑개는 공기의 여과나 가습, 난방 등 중요한 역할을 담당합니다. 앞서 언급한 자극은 하비갑개의 점막을 부풀어 오르게 합니다. 코점막이 비주기에 따라 번갈아 가면서 수축과 팽창을 반복한다고 했는데, 하비갑개 점막이 자극을 받아 부어오른 상태에서 코점막이 팽창하는 쪽의 콧구멍은 완전히 막힐 것이고, 수축하는 쪽은 막히지는 않아도 숨쉬기가 힘들어질 겁니다. 이것이 바로 한쪽 코만 막히는 이유입니다.

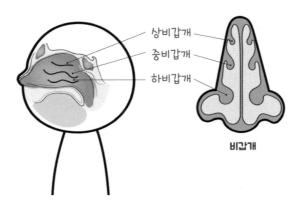

상비갑개
중비갑개
하비갑개

비갑개

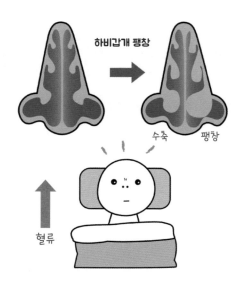

그리고 앉아 있을 때는 그나마 숨을 쉬기가 괜찮은데, 자려고 누우면 코가 완전히 막혀 버려서 잠을 설치는 경우가 많습니다. 누웠을 때 코가 더 막히는 이유는 머리 방향으로 피가 쏠리면서 혈관이 팽창하고 하비갑개가 부풀어 오르기 때문입니다.

여기까지 이해했다면 비염에 관해서도 이해할 수 있습니다. 비염의 대부분은 알레르기성 비염으로, 알레르기가 비강 내부에 염증 반응을 일으켜 하비갑개를 팽창시키고 콧물과 코막힘을 유도합니다. 그래서 비염 환자들은 혈관을 수축시켜서 하비갑개의 부기를 빼는 약을 복용하거나 하비갑개의 부피를 축소하는 수술을 받습니다.

댓글1 지금 한쪽 코 막혀 있는 사람 손!

댓글2 한쪽은 꽉 막히고 다른 한쪽은 너무 뚫려서 차갑다 못해 시릴 때, 그땐 숨쉬기 싫어집니다ㅜㅜ

댓글3 한쪽 코, 예를 들어 왼쪽 코가 막혔을 때 오른쪽으로 돌아누우면 오른쪽 코가 막히는 경우가 있음.

댓글4 당연히 그쪽으로 피가 쏠리기 때문 아닐까요. 피가 쏠리면 하비갑개 부피가 커지니까요.

2부

엉뚱하고 흥미진진한
궁이 실험실.

10

하늘로 총을 쏘면 어떻게 될까?

영화나 드라마를 보면 주변을 효과적으로 제압하려는 목적으로 총구를 하늘로 향하게끔 하여 격발하는 장면을 종종 연출합니다. 그러면 총소리와 함께 주변이 아주 고요해집니다. 이는 실제 상황에서도 마찬가지일 겁니다. 또한 기쁜 일이 있는 날에 하늘을 향해 축포를 쏘기도 합니다. 그런데 이렇게 표적 없이 허공에 총을 쐈을 때 총알이 어떻게 되는지 궁금하지 않으신가요? 총알이 하늘로 올라가는 과정에서 사라지는 게 아니라면 다시 땅으로 떨어질 텐데, 떨어지는 총알에 사람이 맞을 수도 있지 않을까요?

총을 격발하는 순간 총알은 엄청난 속도로 하늘을 향해 올라갑니다. 그러다가 중력과 마찰력 등에 의해서 속도가 점점 줄어들어 어느 순간에는 멈춥니다. 하늘 위에서 멈춘 총알은 중력에 의해 다시 땅으로 향할 텐데, 이때 가속도가 붙으므로 매우 빠른 속도로 떨어질 겁니다. 떨어지는 총알은 일정 속도에 도달하면 위로 작용하는 공기 저항력과 부력의 합이 아래로 작용하는 중력의 크기와 같아지면서 합력이 0이 되어 가속도가 없는 등속운동을 합니다. 이때의 속도를 **종단속도**라고 하며, 저항력을 발생시키는 유체 속에서 낙하하는 물체가 다다를 수 있는 최종 속도를 말합니다.

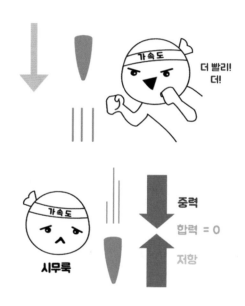

총알의 종단속도는 총알의 무게에 따라 달라지겠지만, 예를 들어 4그램 정도라고 했을 때를 계산해 보면 약 초속 45미터가 나옵니다. 이 속도로 맞으면 따끔할 수는 있어도 목숨을 잃을 정도는 아닐 겁니다. 혹여나 총알이라서 이 말이 와닿지 않는다면 무게 4그램의 추가 초속 45미터 속도로 추락한다고 이해하면 됩니다.

그런데 문제는 총구를 정확히 수직으로 발사했느냐는 겁니다. 그랬다면 당연히 발사한 방향 그대로 날아가겠으나, 직접 자세를 취해 보면 전방으로 약간 기울여서 발사하기가 더 쉽다는 것을 알 수 있습니다. 이렇게 되면 전혀 다른 상황입니다. 일단 총알이 올라갈 수 있는 높이가 줄어들고, 발사될 때 총알이 얻은 회전력이 일부 유지됩니다. 이에 따라 탄도 궤적을 형성해, 탱크가 폭탄을 발사하는 것처럼 포물선을 그리며 타격할 수도 있습니다. 그리고 이 총알에 맞으면 꽤 위험할 수 있습니다.

물론 이 조그마한 총알이 사람 머리 위로 떨어질 확률은 매우 낮습니다. 하지만 인구밀도가 높은 지역이라면 분명 가능성이 있습니다. 실제 총기 사용을 허용한 나라에서 하늘로 쏜 총알에 맞아 사상자가 발생한 사례가 있습니다. 그래서 공중에 대고 총을 쏘는 행위 자체를 금지하는 곳도 존재합니다.

총구를 약간이라도 기울여 발사하면
총알이 포물선을 그리며 날아가는
위험한 상황이 발생한다!

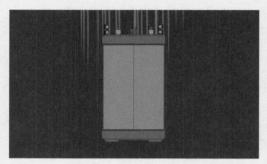

엘리베이터가 추락하는 순간, 당신의 선택은?

11

엘리베이터가 추락할 때
점프하면 살 수 있을까?

엘리베이터가 갑자기 작동을 멈추고 바닥으로 추락하는 불길한 상상을 해 본 적이 한 번쯤은 있을 겁니다. 만약 이런 상황이 여러분에게 실제로 일어난다면 어떤 선택을 할 건가요? 제가 어렸을 때는 엘리베이터 바닥이 땅에 닿기 직전에 점프한 뒤 바닥이 충격을 흡수하고 나면 그 위에 안착하는 상상을 했습니다. 아마 저와 같은 상상을 한 사람이 많을 텐데, 이런 행동은 실제로는 매우 위험합니다.

위와 같은 상상을 실현하기 위해서는 몇 가지 상황을 가정해야 합니다. 먼저 엘리베이터가 추락하기 시작하면 그 내부는 무중력상태가 되고 우리 몸은 붕 뜨게 되어 점프를 할 수 없습니다. 그러므로 우리 몸이 엘리베이터에 붙어 있고, 엘리베이터가 추락할 때 모든 안전장치가 작동하지 않는다는 조건이 필요합니다. 많은 사람이 안전장치의 존재를 모르고 추락을 걱정하는데, 실제로 엘리베이터가 추락하면 비상 안전장치가 막아 주므로 사고가 발생할 확률은 희박합니다.

물론 뉴스를 보면 엘리베이터 추락 사고가 분명 발생합니다. 하지만 뉴스에서 보도하는 추락 사고의 대부분은 엘리베이터를 유지·보수하는 근로자에게 발생하는 사고이고, 엘리베이터를 이용하는 도중에 추락하는 사고는 거의 없습니다.

어쨌든 주제로 제시한 의문을 해결하기 위해 엘리베이터가 추락한다고 가정해 보겠습니다. 추락하는 높이를 40층으로 설정하면 바닥까지의 이동 거리는 약 120미터가 됩니다. 위치에너지와 운동에너지가 같다는 공식을 이용해서 추락 속도를 계산하면 초속 48.49미터가 나오고, 이를 환산하면 시속 174.59킬로미터입니다. 사람이 있는 힘껏 점프하면 약 시속 14킬로미터의 속도로 뛰어오를 수 있으므로 이를 감안하면 추락 속도를 약 시속 160킬로미터까지 줄일 수 있습니다. 하지만 이 속도로 떨어진다고 해도 여전히 목숨이 온

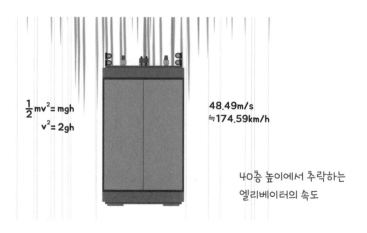

$$\frac{1}{2}mv^2 = mgh$$
$$v^2 = 2gh$$

48.49m/s
≒174.59km/h

40층 높이에서 추락하는
엘리베이터의 속도

전치는 않을 겁니다. 그리고 땅에 닿기 직전에 뛰는 게 아니라면 엘리베이터 천장에 머리를 부딪칠 위험이 있습니다.

그렇다면 어떻게 해야 생존 확률을 높일 수 있을까요? 먼저 충격 흡수를 위해 무릎을 꿇는 방법이 있습니다. 무릎을 스프링처럼 이용하는 건데, 다리에 엄청난 충격이 가해지므로 하반신은 포기해야 합니다. 다음으로 엘리베이터 바닥에 누워서 얼굴과 머리 등을 감싸 안는 방법이 있습니다. 바닥에 눕는 것은 충격을 최대한 분산하려는 의도입니다. 추락해서도 살 수 있는 높이라면 갈비뼈 정도만 부러질 겁니다. 갈비뼈는 회복이 빠르므로 해 볼 만하……지는 않고 역시나 목숨이 온전치 않을 겁니다.

그나마 좋은 방법은 눕거나, 기마 자세로 손잡이를 잡고 머리를 살짝 숙여 보호하는 겁니다. 최하층에는 충격 흡수용 버퍼가 준비되어 있으므로 추락해서 바닥에 부딪힐 때는 그나마 충격이 덜합니다. 엘리베이터가 멈추면 많은 사람이 이성을 잃고 이것저것 만지는데, 이런 행동이 추락의 위험을 만들 수 있습니다. 따라서 엘리베이터가 고장 났을 때는 구조 요청을 하고 기다리는 게 최선입니다.

과연 이 자세가 최선?!

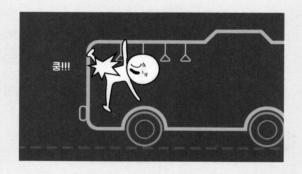

쿵!!!

12

달리는 버스 안에서 점프하면 어떻게 될까?

달리는 버스나 지하철에서 또는 비행 중인 비행기에서 점프하면 어떻게 되느냐는 질문을 많이 받습니다. 버스나 지하철은 일상에서 많이 이용하므로 직접 궁금증을 해결할 기회가 있을 텐데, 주변의 시선 때문에 막상 점프를 시도해 본 사람은 별로 없을 겁니다. 달리는 버스에서 점프하면 사람은 공중에 떠서 순간적으로 정지해 있지만 버스는 계속 앞으로 가고 있으므로, 공중에 정지한 사람이 버스 뒤편에 충돌하지 않을까 하는 생각이 듭니다.

결론부터 말하면 그런 일은 발생하지 않습니다. 달리는 버스나 지하철에서 점프하면 거의 제자리에 착지합니다. 그 이유는 **관성의 법칙** 때문입니다. 관성의 법칙은 16세기 후반 영국의 물리학자 아이작 뉴턴이 확립한 운동 법칙 제1법칙으로, '외부에서 힘이 가해지지 않으면 물체는 일정한 속도로 움직인다'는 것을 말합니다.

달리는 버스 안의 사람은 정지한 것처럼 보여도 실제로는 버스와 같은 속도로 이동하고 있으므로 점프를 해도 여전히 제자리에 착지할 수 있습니다. 물론 버스가 급가속 또는 급감속하는 상황이라면 사람이 앞이나 뒤로 넘어질 수 있으므로 외부에서 힘이 가해지지 않는다는 조건에서만 그렇습니다.

버스가 급정거할 때
승객의 몸이 기울어지는 것도
관성의 법칙이 작용하기 때문!

으아아아악~

이해를 돕기 위해 개념을 조금 확장해서 사람이 버스가 아닌 땅 위에 서 있을 때를 생각해 보겠습니다. 지구가 자전 속도 약 시속 1,670킬로미터, 공전 속도 약 시속 10만 7천킬로미터의 매우 빠른 속도로 돌고 있어도 우리는 땅 위에 안정적으로 서 있을 수 있습니다. 하지만 옛날에는 지구가 돈다고 하면 정신 나간 사람 취급을 받았습니다. 이때 지구가 돌지 않는다는 주장의 근거 중 하나가 땅 위

우리도 지구와 함께
엄청난 속도로 돌고 있다.

에서 점프했을 때 제자리에 착지한다는 것이었습니다. 또한 지구가 돌면 어지럼증을 느껴야 할 텐데 그렇지 않기에 지구가 도는 것은 말이 안 된다고 생각했습니다. 하지만 현재 우리는 지구가 자전과 공전을 한다는 사실을 분명히 알고 있습니다. 지구가 도는데도 그 것을 느끼지 못하는 이유는 우리도 같이 돌고 있기 때문입니다.

같은 원리가 운행 중인 버스나 지하철에도 적용됩니다. 다만, 점 프할 때 마찰력이나 공기저항, 중력, 가속, 감속 등의 외부 요인에 의해 정확히 제자리에 착지하지는 못할 수도 있습니다.

그러면 버스 안의 파리나 모기는 어떨까요? 이들은 사람처럼 잠깐 점프했다가 착지하는 것이 아니라 계속 날아다니므로 또다시 의문이 생길 겁니다. 그러나 파리와 모기도 마찬가지로 버스 뒤쪽에 부딪힐 일이 없습니다. 버스 안의 공기도 버스와 같은 속도로 움직이고 있기 때문입니다.

새장 안의 새가 날면 새장의 무게가 변할까?

새장 안의 새가 날고 있을 때 새장 전체의 무게는 어떻게 달라질까요? 이 것은 몇 년 전에 온라인 커뮤니티에서 많은 사람의 호기심을 자극한 질문입니다. 어떤 종류의 새장이냐에 따라서 약간 차이가 있을 수 있는데, 밀폐된 새장과 밀폐되지 않은 새장에 각각 새가 들어 있다고 생각해 보겠습니다. 밀폐된 새장에서 새가 날 때는 새장의 무게에 변화가 없습니다. 새가 날아오르기 위해 날갯짓을 하면서 자신의 무게만큼의 공기를 아래쪽으로 밀어내기 때문입니다. 반면에 밀폐되지 않은 새장에서는 새가 아래쪽으로 밀어내는 공기가 새장의 틈 사이로 분산될 수 있습니다. 따라서 분산된 공기 만큼의 무게가 밀폐된 새장보다 덜 나가게 됩니다.

13

영화처럼 목을 쳐서
기절시키는 것이 가능할까?

영화나 드라마에서 대단한 무술 실력을 지닌 등장인물이 손날을 이용해 상대의 목 뒤나 옆을 툭 쳐서 스르륵 기절시킨 뒤 조용히 어딘가에 잠입하는 식의 상황이 자주 연출됩니다. 이것이 실제 가능한 일일까요? 해외에서는 이 기술을 손날 가격 knifehand strike 또는 가라데 참 karate chop 이라고 부르며, 이 기술로 사람이 기절하는 현상을 상완 기절 brachial stun 이라고 합니다. 인터넷을 검색하면 경찰이나 군인, 무술 전문가 들이 시연하는 영상을 쉽게 찾을 수 있는 것으로 보아 가상의 연출은 아닌 것 같습니다. 그렇다면 여기에 어떤 원리가 작용하는 걸까요?

* 이 글은 김의사박사 님(의사, 이학 박사)의 투고를 바탕으로 재구성했습니다.

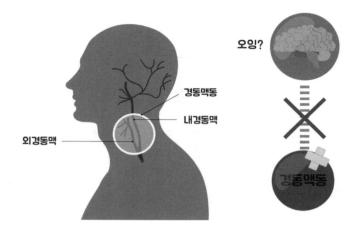

오잉?

경동맥동

내경동맥

외경동맥

경동맥동

 이에 관한 학술적 연구는 찾을 수 없었으므로 아래의 설명은 의학적·해부학적 관점에서 가능성을 다룬 것임을 밝힙니다. 먼저 가능성이 가장 크고 타당해 보이는 것은 **경동맥동** 가격으로 인한 기절입니다. 경동맥동은 **경동맥**(대동맥에서 갈라져 나와 목을 지나 머리 쪽으로 혈액을 공급하는 동맥)이 **내경동맥**과 **외경동맥**으로 갈라지는 지점에서 부풀어 커진 것입니다. 이 부위는 혈액의 가스 성분(산소와 이산화탄소 농도 등)과 혈압을 분석해 뇌에 전달하는 역할을 하며, 만약 이 부위를 가격하면 순간적으로 혈류가 차단됩니다. 그러면 뇌는 혈액이 공급되지 않는다고 인식해 기절할 수 있습니다.

 이해하기 쉽게 **기립 저혈압**을 예로 들어 이야기해 보겠습니다. 기립 저혈압은 앉거나 누워 있다가 갑자기 일어날 때 순간적으로 시야가 핑 도는 것 같은 어지럼을 호소하는 경우를 말합니다. 증상이 심하면 기절하기도 하는데, 이는 즉각적으로 혈압을 올리지 못해서 경동맥동이 뇌로 가는 피가 부족하다고 판단해 벌어진 일입니다.

다음으로 **미주신경** 가격으로 인한 기절일 가능성이 있습니다. 대부분의 장기에 분포한 미주신경은 매우 다양한 기능을 하는데, 이 중 심장 박동을 조절하는 기능이 있습니다. 그래서 갑작스럽게 미주신경에 강한 자극이 들어오면 쇼크로 인해 기절한다는 주장이 있으나, 이것이 실제 가능한지에 대한 근거는 부족해 보입니다.

또한 척추나 척수 손상으로 인한 기절도 생각해 볼 수 있습니다. 이론상 경추를 강하게 가격해서 그 속에 들어 있는 척수가 손상되면 쇼크가 와서 순간적으로 의식을 잃을 수 있습니다. 그러나 척수가 손상되면 장기적으로 신체에 장애가 생길 가능성이 크므로, 우리가 알아보려는 것처럼 일시적으로 기절하는 현상과는 거리가 멉니다.

끝으로, 이 행위는 절대 따라 해서는 안 됩니다. 장난으로 한 행동이 타인뿐 아니라 본인의 인생도 망칠 수 있음을 잊지 마시기 바랍니다.

14

자동차 바퀴가 역회전하는 것처럼 보이는 이유는?

자동차 바퀴, 선풍기 날개, 헬리콥터 프로펠러 등 빠르게 회전하는 바퀴나 날개를 가만히 관찰하면 어느 순간 원래 회전 방향과 반대 방향으로 회전하는 것처럼 보일 때가 있습니다. 여기서 중요한 점은 실제로 반대 방향으로 회전하는 것이 아니라 우리 눈에만 그렇게 보인다는 겁니다. 이 현상은 **스트로보 효과**stroboscopic effect, **마차 바퀴 현상**, **역마차 바퀴 현상** 등 다양한 이름(이하 스트로보 효과)으로 불립니다. 일종의 착시 현상이라고 할 수 있는데, 왜 이런 현상이 발생할까요?

먼저 네 개의 바큇살이 시계 방향으로 빠르게 회전하고 있다고 가정하겠습니다. 이때 여러분은 12시 방향에 있던 바큇살이 매 순간 움직이는 모습을 전부 파악할 수 있나요? 사람의 눈은 대상이 변화하는 모든 순간을 감지할 능력이 없습니다. 그래서 일반적인 영화가 1초당 24장의 연속된 정지 사진을 보여 주면 우리는 이것을 이어지는 하나의 장면으로 인식합니다. 같은 맥락에서 9시 방향에 있던 바큇살이 12시 방향에 도착하는 순간을 포착하면 바큇살이 원래 12시 방향에 있던 그대로 멈춰 있다고 생각합니다. 그리고 9시 방향에 있던 바큇살이 11시 방향으로 향하는 순간을 포착하면 12시 방향에 있던 바큇살이 반시계 방향으로 움직였다고 착각하고, 12시 방향을 조금 넘은 순간을 포착하면 바퀴가 실제보다 느린 속도로 시계 방향으로 회전한다고 착각합니다. 그래서 달리는 자동차

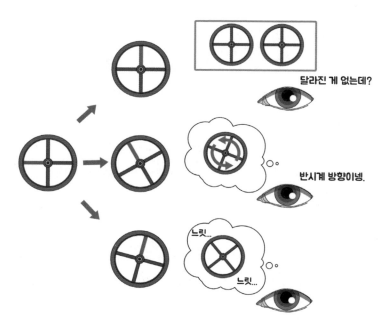

바퀴를 계속 쳐다보면 바퀴의 움직임이 빨라졌다가 느려졌다가 때론 멈춘 것처럼 보이기도 하며, 어떤 때는 역회전하는 것처럼 보이기도 하는 겁니다. 이것이 스트로보 효과의 원리입니다.

바퀴나 날개 외에도 스트로보 효과를 관찰할 수 있는 예로 애니메이션과 플립북이 있습니다. 눈이 감지할 수 있는 것보다 빠른 속도로 연속된 프레임을 보여 주면 우리는 이것을 각각의 프레임이 아닌 이어지는 장면으로 인식합니다. 여기서 프레임은 한 컷의 정지 화면을 말하며, 사람은 평균 1초당 12프레임12fps(frames per second)을 인지할 수 있다고 합니다. 물론 시각적 인지 능력은 사람마다 다르고 주변 환경에 따라서도 달라질 수 있습니다. 즉, 외부 요인의 간섭이 없을 때 초당 12프레임 정도라는 것이고, 다양한 요인에 의해 초당 60프레임 이상도 충분히 인지할 수 있다고 합니다.

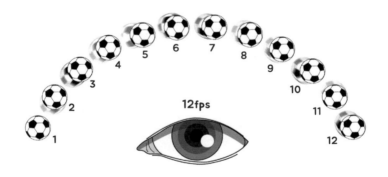

스트로보 효과 때문에 바퀴가 있는 기계 장치를 사용하는 공장에서 종종 사고가 발생합니다. 사람들이 기계 장치의 작동이 멈춘 것

으로 착각하기 때문입니다. 그래서 이런 사고를 방지하기 위해 깜빡임이 없는 백열전구를 이용하거나 주파수 제어기를 활용하는 등 안전장치를 마련해 놓곤 합니다.

빗방울 마술의 비밀

스트로보 현상의 재미있는 사례 중 하나가 영화 〈나우 유 씨 미 2*Now You See Me 2*〉(2016)에서 내리는 비를 멈추게 했다가 다시 올려 보내는 마술 장면입니다. 이 장면은 약간의 컴퓨터그래픽^{CG}을 활용하기는 했어도 실제로 연출했다고 알려졌습니다. 일정한 속도로 움직이는 대상에 우리 눈의 초당 프레임 배수에 맞춰 빛을 비추거나 진동을 주면 대상이 멈춘 것처럼 보이게 할 수 있고, 조건을 달리하면 대상이 반대 방향으로 움직이는 것처럼 보이게 할 수도 있습니다. 이 영화에서는 일정한 속도로 떨어지는 물방울에 깜빡이는 조명을 비춰서 물방울의 속도와 조명이 깜빡이는 속도가 비슷해질 때 마치 물방울이 멈춘 것처럼 보이도록 만들었습니다. 여기서 조명이 깜빡이는 속도가 눈이 감지하는 속도보다 더 빨라지면 물방울이 다시 위로 올라가는 것처럼 보이게 됩니다.

15

멈춘 에스컬레이터를 걸어가면
왜 이상한 느낌이 들까?

에스컬레이터는 동력으로 계단을 회전시켜 자동으로 위층과 아래층을 오르내릴 수 있도록 만든 장치를 말합니다. 지하철 역사나 백화점에서 흔히 볼 수 있고, 누구나 한 번쯤은 이용해 봤을 겁니다. 에스컬레이터를 타려다 보면 멈춰 있는 것을 자주 볼 수 있는데, 에너지 절약 차원에서 운행을 아예 중단하기도 하고 이용하는 사람이 없을 때만 자동적으로 멈추기도 합니다.

후자의 상황에서는 사람이 오면 운행을 다시 시작합니다. 하지만 별다른 안내문이 없으면 이용자는 그 에스컬레이터가 운행을 중단했는지 절전 상태인지 알 수 없습니다. 그래서 간혹 운행 중단 상태를 절전 상태로 착각하고 에스컬레이터로 향하는 경우가 있습니다. 이때 멈춘 에스컬레이터는 일반 계단과 다를 게 없으므로 그냥 걸어서 가면 됩니다.

그런데 멈춘 에스컬레이터를 걸어가면 이상한 느낌이 들면서 현기증이 나거나 걸음걸이가 어색해지곤 합니다. 공감하지 못하는 사람도 있겠지만, 이것은 생각보다 많은 사람이 경험하는 현상입니다. 이 느낌이 싫어서 에스컬레이터가 작동을 중단한 것을 확인하자마자 일반 계단으로 옮겨 가기도 합니다. 흥미롭게도 이 현상은 우리 뇌가 착각해서 발생하는 것으로 **고장 난 에스컬레이터 현상**broken escalator phenomenon이라고 부릅니다.

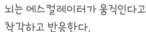
뇌는 에스컬레이터가 움직인다고
착각하고 반응한다.

평소 사람들의 인식 속에서 에스컬레이터는 자동으로 움직입니다. 그래서 에스컬레이터가 멈춰 있어도 뇌는 무의식적으로 에스컬레이터가 움직인다고 생각해서 균형을 잡기 위해 몸을 앞으로 기울입니다. 이런 이유로 멈춘 에스컬레이터에서는 평소보다 걸음을 빨리 내딛게 되고, 어지럼증을 동반한 일시적인 균형 감각 상실 증상이 나타납니다.

이와 관련해 흥미로운 논문이 있습니다. 레널즈R. F. Reynolds 와 브론스틴A. M. Bronstein의 2004년 논문에 소개된 실험을 보면, 14명의 피실험자가 고정된 평행판 위를 걸은 다음 초속 12미터 속도로 움직이는 평행판 위를 20회 걸은 뒤, 다시 멈춘 평행판 위를 걸었습니다. 그러자 다리의 근육 활동량이 증가한다는 재미있는 결과가 나왔습니다. 이는 에스컬레이터가 멈춘 상태임에도 우리 몸이 에스컬레이터가 움직일 때처럼 반응했다는 것으로, 고장 난 에스컬레이터 현상의 원인이 증명된 셈입니다.

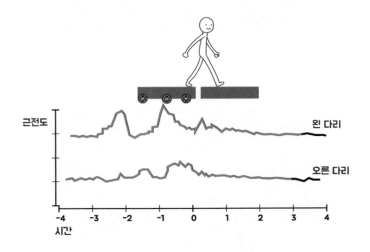

이와 비슷하게 배에서 오랫동안 생활하다가 육지에 발을 딛는 사람도 고장 난 에스컬레이터 현상을 경험한다고 합니다. 트램펄린을 타다 내려오면 몸이 무거운 이유도 이 현상으로 설명할 수 있습니다. 어떤 환경에서든 적응하려는 우리 신체가 참으로 놀랍지 않나요?

16

선풍기 날개에
어떻게 먼지가 쌓일까?

   선풍기를 오랫동안 사용하다 보면 날개에 먼지가 잔뜩 쌓이는 것을 볼 수 있습니다. 선풍기는 전동기 축에 장치한 날개를 회전시켜 바람을 일으키는 기계입니다. 날개가 빠르게 회전하므로 먼지가 쌓일 틈이 없어 보이는데 어떻게 된 걸까요? 기계가 작동하지 않는 동안에 먼지가 붙었다고 하더라도 다시 작동하면 날아가야 하지 않을까요? 그런데도 날개의 먼지가 떨어지지 않고 잘 붙어 있는 게 의아합니다.

   이 현상을 이해하기 위해서는 **경계층** boundary layer 이론을 알아야 합니다. 공기는 변형이 쉽고 흐르는 성질을 가진 **유체**입니다. 모든 유

---

* 이 글은 정종호 님(서울대학교 우주항공공학 박사과정)의 도움을 받았습니다.

체는 점성을 가지고 있으며 유체가 다른 물체와 마찰하면 점성이 커집니다. 그러니까 고체 표면을 흐르는 공기는 고체 표면과의 마찰로 인해 점성이 생기고, 이 점성에 의해서 속도가 감소합니다.

이해를 돕기 위해 아래 그림을 참고하기 바랍니다. 공기가 왼쪽에서 오른쪽으로 흐를 때 유체 입자 아랫부분이 고체 표면과 마찰하여 점성이 생기면서 그 표면에 달라붙는 상황을 표현한 그림입니다.

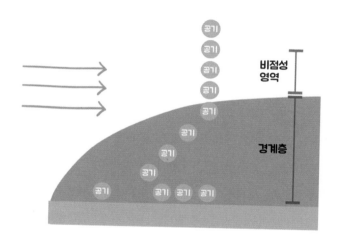

유체 입자의 속도는 물체 표면에서 멀어짐에 따라 증가하다가 어느 지점에 이르면 일정해지는데, 이 지점까지의 거리를 경계층이라고 합니다. 즉, 유체 입자와 고체 표면이 맞닿은 얇은 층을 경계층으로 구분할 수 있고, 경계층 바깥은 비점성 영역이므로 여기서의 유체는 완전유체(점성이 전혀 없는 가상적인 이상 유체)라고 할 수 있습니다.

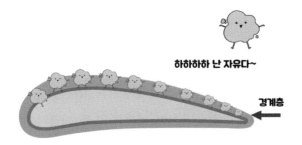

하하하하 난 자유다~

경계층

경계층 이론에 따라 선풍기 날개 표면에 먼지가 붙게 되고, 먼지가 너무 많이 쌓여서 경계층을 넘으면 더이상 붙지 못합니다. 선풍기 날개가 회전할 때 공기는 날개 안쪽에서 바깥쪽으로 가면서 층류에서 난류로 변합니다. 층류에서는 직선으로 흐르던 바람이 난류에서는 소용돌이를 형성합니다. 공기가 소용돌이치면 먼지가 잘 쌓이지 않는다고 생각할 수도 있겠으나, 바람이 흐르는 모습을 보면 오히려 공기가 소용돌이칠 때 고체 표면과 접촉이 늘어나면서 날개

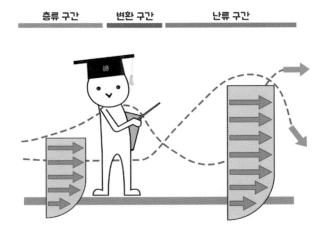

층류 구간   변환 구간   난류 구간

바깥쪽에 먼지가 더 많이 쌓이게 됩니다.

그렇다면 선풍기 날개에 먼지가 덜 붙게 하려면 어떻게 하는 것이 좋을까요? 유체 입자와 고체 표면의 마찰을 줄여 주면 됩니다. 예를 들어 날개에 왁스를 발라서 코팅하는 겁니다. 하지만 선풍기 날개는 쉽게 청소할 수 있으므로 여름 동안 잘 쓰다가 계절이 바뀌어 들여놓기 전에 청소해 주는 것이 더 좋을 것 같습니다.

경계층 이론 더 알아보기

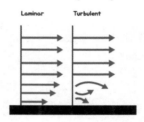

Boundary Layer

유체는 기체와 액체를 아우르는 말로, 기체와 마찬가지로 액체에도 경계
층 이론이 적용됩니다. 무언가를 씻을 때 물로만 헹구는 경우가 많은데,
물도 유체이므로 물과 고체 표면이 형성한 경계층에 갇힌 미세한 이물질
은 물로만 헹궈서는 쉽게 제거할 수 없습니다. 물로만 제거하려면 오랫동
안 흐르는 물에 놔두거나 수압이 강한 물을 이용해야 합니다. 따라서 손
을 씻을 때나 설거지를 할 때나 물리적인 힘을 가해 줘야 합니다.

그리고 안경을 쓰는 분이라면 공감할 수 있을 텐데, 안경알에 눈썹이
붙었을 때 입바람을 세게 불어도 잘 떨어지지 않는 경우가 있습니다. 이
또한 경계층 이론에 의한 현상입니다.

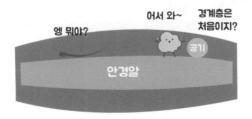

17

물수제비의 원리가 뭘까?

물수제비 stone skipping 는 둥글고 얄팍한 돌을 강하게 던져서 물 위로 튕기는 놀이를 말합니다. 어떻게 돌이 물 위에서 튕기는 걸까요? 사실 물수제비와 관련한 연구는 꽤 오래전부터 시작됐습니다.

먼저 프랑스의 물리학자 보케 Lydéric Bocquet 가 《미국 물리학 저널 American Journal of Physics》에 게재한 논문부터 보겠습니다. 보케 교수는 돌이 날아갈 때의 속도와 회전 횟수를 알면 물 위에서 몇 번을 튕길지 계산할 수 있는 방정식을 구했고, 이를 근거로 물수제비는 속도와 회전력이 중요하다고 주장했습니다.

그는 여기서 멈추지 않고 클라넷 Christophe Clanet 박사와 공동 연구를 진행했습니다. 이들은 알루미늄 원반을 지름 2미터의 연못에 자동으로 발사하는 장치를 만들고, 원반이 수면에 부딪히는 순간을 고속 비디오카메라로 촬영했습니다. 그리고 반복된 실험을 통해 지름이 5센티미터인 둥글고 납작한 돌이 초속 2.5미터 이상의 속도로 수면과 20도 각도를 유지하며 부딪힐 때 가장 잘 튕긴다는 결과를 얻었습니다. 20도보다 작은 각도에서는 돌이 수면과 접촉하는 면적이 너무 넓어서 운동에너지가 감소해 잘 튕기지 않았고, 20도보다 큰 각도에서는 돌이 수면에 부딪힐 때마다 튕기는 각도가 점점 커지면서 물에 가라앉았습니다. 각도가 45도보다 크면 바로 물속에 잠겼다고 합니다. 이와 같은 실험 내용은 2004년 《네이처》에 실렸습니다. 그렇다면 왜 이런 결과가 나왔을까요?

고체는 분자 간의 결합이 단단한 반면 액체는 비교적 느슨합니다. 따라서 고체(돌)와 액체(물)가 충돌하면 고체가 액체를 파고드는 것이 일반적입니다. 그런데 돌을 비스듬히 던지면 순간적으로 돌과 물이 접촉하는 표면적이 넓어지고, 이 충돌 면에 한해서 액체 분자의 결합력이 고체 분자보다 강하게 작용할 수 있습니다. 이에 따라

돌이 물속으로 파고들지 못하고 튕기는 현상을 보입니다. 그리고 돌을 회전시키면 돌의 평평한 면이 안정적으로 수평을 유지할 수 있으므로 계속 튕기게 됩니다.

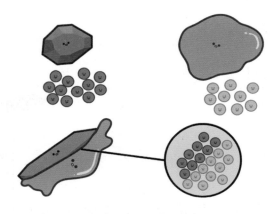

돌의 넓적한 면이 수면에 부딪힐 때
순간적으로 물 분자의 결합력이 강해져서 돌을 튕겨 낸다.

여기까지 물수제비의 원리에 관한 의문을 해결했는데, 단순한 놀이를 왜 이렇게까지 분석했는지 궁금하지 않으신가요? 사실 물수제비 현상은 과학적으로 아주 중요한 의의가 있습니다. 몇 가지 예시를 들어 보면, 우주선이 지구로 진입할 때 적절한 각도로 진입하지 않으면 고체와 기체 간의 밀도 차이로 인해 튕겨 나갑니다. 물수제비 현상을 이해해야 이러한 문제를 예방할 수 있습니다.

또한 물수제비 현상은 전쟁에서도 유용하게 쓰일 수 있습니다. 실제로 1943년 2차 세계대전 당시 영국이 독일의 군수공장 전력을 차단하기 위해 수력발전용 댐을 폭파할 때 이 현상을 이용했습니다. 단순히 댐에 폭탄을 투하하면 되지 않을까 싶지만, 높은 곳에서 폭탄을 투하하면 정확도가 떨어지고, 저공비행으로 접근하면 적의 공격을 받을 수 있기에 문제였습니다. 그래서 폭탄으로 물수제비를 시도한 것입니다.

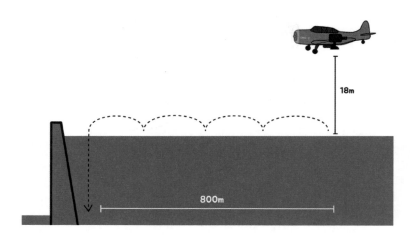

이때 사용된 구체적인 방법을 보면 길이 1.5미터, 지름 1.2미터의 원기둥 모양 특수 폭탄을 고도 18미터, 댐 정면으로부터 800미터 거리에서 투하했는데, 그냥 투하하지 않고 투하 직전에 전기모터를 이용해 분당 500회의 속도로 폭탄에 역회전을 가했습니다. 낙하하는 폭탄은 공기저항 때문에 위쪽과 아래쪽 회전 속도의 차이가 생기고, 이로 인한 압력 차이가 양력(유체 속을 운동하는 물체에 운동 방향과

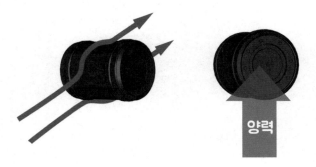

수직 방향으로 작용하는 힘)을 만들어 냅니다. 양력이 물수제비 현상을 유도한 결과, 폭탄은 물 위에서 네 번 튕긴 다음에 댐 앞에서 가라앉은 뒤 수압에 따른 자동 기폭 장치에 의해 폭발했습니다.

물수제비 현상은 이외에도 다양한 분야에 응용할 수 있습니다.

3부

알아 두면 쓸데 있는
생활 궁금증

보지 않고 콘센트 구멍을 찾기 어려운 이유가 바로 이것!

18

전기 콘센트의 구멍은
왜 45도로 기울어져 있을까?

전자 기기를 사용하기 위해서는 전원 플러그를 콘센트에 꽂아야
합니다. 많은 콘센트가 우리 눈높이보다 훨씬 아래쪽에 있기 때문
에 콘센트 구멍을 확인하려면 몸을 숙여야 하므로 이 행동이 번거
로워서 손만 내려 콘센트 구멍을 찾곤 합니다. 그런데 콘센트의 두
구멍을 잇는 가상의 선이 바닥과 평행하지 않고 45도로 기울어져
있다 보니, 위치를 제대로 확인하지 않고 꽂으려 하면 한참을 헤맬
수 있습니다. 여기서 의문이 생깁니다. 콘센트의 구멍 방향은 왜 수
평으로 되어 있지 않고 45도로 기울어져 있는 걸까요?

이 의문을 해결하기 위해서는 **접지**에 관해서 이해해야 합니다. 접

---

* 이 글은 김명진 님(『김기사의 e-쉬운 전기』 저자)의 도움을 받았습니다.

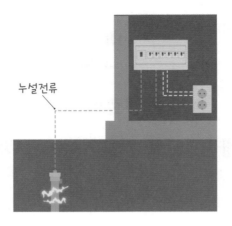

누설전류

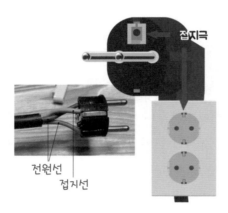

접지극

전원선
접지선

지는 전자 기기에서 새어 나오는 매우 적은 양의 전류인 **누설전류**를 땅으로 보내는 것을 의미합니다. 전자 제품의 코드 안에는 전원선 두 가닥과 접지선 한 가닥이 들어 있습니다. 전원선 두 가닥은 플러그에서 튀어나온 금속부 두 곳과 연결되고, 접지선은 **접지극**(플러그와 콘센트 각각의 가장자리에 은색 또는 금색으로 반짝이는 부분)을 통해 누설전류를 땅으로 흘려보내서 전자 기기를 보호하고 감전을 방지해 주는 역할을 합니다. 그런데 이 접지가 콘센트의 구멍 방향과 무슨 관련이 있는 걸까요?

플러그 중에는 접지극이 있는 것도 있고 없는 것도 있습니다. 누설전류량이 많지 않거나 이중 절연 제품과 같이 안전하게 설계된 경우라면 굳이 접지할 필요가 없으므로 접지극을 만들지 않습니다. 여기서 중요한 점은 접지형 플러그는 접지선과 접지극을 포함해야 하므로 크기가 꽤 커진다는 겁니다. 그리고 사용자의 안전을 위해 ㄱ자로 꺾인 형태를 한 경우가 많습니다. 물론 일자형도 있으나, 분해할 수 없도록 완전히 밀봉된 상태로 만들기 위해 대부분의 접지형 플러그는 ㄱ자를 취합니다.

그런데 이렇게 ㄱ자로 꺾인 접지형 플러그 두 개를 구멍 방향이 수평으로 되어 있는 2구 콘센트에 나란히 꽂으려고 하면 나중에 꽂는 플러그는 앞서 꽂은 플러그에 막혀서 제대로 꽂을 수가 없습니다. 112쪽 그림처럼 두 플러그가 서로 반대 방향을 향하게 꽂으면 된다고 생각하는 사람이 있을 텐데, 이렇게 하면 위에 꽂은 플러그의 코드가 꺾입니다. 전자 기기의 코드를 꺾어서 사용하면 전선이 터지는 등의 문제를 유발할 수 있습니다. 그렇다고 플러그를 제대로 꽂지 않은 상태에서 사용하면 접촉 단면적이 감소해 접촉저항이 커지고, 과열로 인해 화재가 발생할 수 있습니다.

이 문제를 해결하려면 콘센트의 구멍 방향을 45도로 기울여 배치하면 됩니다. 콘센트도 접지극이 있는 것과 없는 것으로 나뉘는데,

아이고
내 허리~

무접지형 콘센트의 구멍 방향은 수평이고 접지형 2구 콘센트의 구멍 방향은 45도로 기울어져 있습니다. 2001년에 가로등 누전 사고로 19명이 감전사하면서 건물과 전자 제품 등에 접지가 강화되었기 때문에, 그보다 전에 지은 건물이 아니라면 대부분 접지형 콘센트로 되어 있을 겁니다.

접지형 콘센트를 해부해 보면 113쪽 사진과 같습니다. 비스듬하게 놓인 접지극이 보이시나요? 만약 콘센트의 구멍 방향이 수평이나 수직이라면 접지극을 놓기 힘들뿐더러 전원 단자와 가까이 놓을 경우 합선의 위험이 있습니다. 따라서 전기를 안전하게 사용하는 방법으로 콘센트의 구멍 방향을 45도로 기울어지게 설계해서 플러그와 콘센트가 제대로 접속할 수 있도록 하고, 합선의 위험도 막은 겁니다.

콘센트를 크게 만들면 되지 않느냐고 생각할 수도 있지만 콘센트에는 정해진 규격이 있습니다. 임의로 크게 만든다면 비경제적이므

로 정해진 규격대로 설계·제작해야 합니다.

 일부 멀티탭은 접지형임에도 왜 콘센트 구멍 방향이 수평으로 되어 있느냐는 의문도 있는데, 이 경우는 콘센트 구멍마다 스위치가 딸려 있을 겁니다. 스위치를 각각 따로 달면서 콘센트 내부 공간에 여유가 생긴 덕분에 구멍 방향을 수평으로 해도 접지극을 안전하게 설계할 수 있습니다.

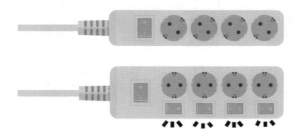

19

다 같이 쓰는 공중화장실의
고체 비누는 과연 깨끗할까?

손 씻기가 질병 예방에 효과적이라는 이야기를 들어 봤을 겁니다. 그래서 우리는 수시로 손을 씻으며, 물로만 씻는 것이 아니라 비누 같은 세정 용품을 사용합니다. 그런데 공중화장실이라는 특수한 공간에서 손을 씻을 때 고체 비누가 있으면 왠지 비위생적일 것 같다는 생각을 해 본 적이 있지 않나요? (물론 액체 비누가 있는 곳도 많으나 여기서는 논외로 하겠습니다.)

우리가 손을 씻는 이유는 눈에 보이지 않는 무수한 세균을 제거하기 위해서이고, 그러려면 비위생적인 상태의 손을 비누에 접촉해야 합니다. 그런데 공중화장실 특성상 불특정 다수의 사람이 세균으로 가득한 손으로 고체 비누를 만졌다고 생각하니 의문이 생깁니다. 세균 가득한 손으로 비누를 만졌다면 그 비누는 오염된 상태가 아닐까요? 그리고 이런 비누를 사용해서 손을 씻으면 손이 더 더러워지지 않을까요? 이 의문을 해결하기 위해서는 비누의 세정 원리부터 이해해야 합니다.

비누는 세균을 직접 제거해 주는 것이 아닙니다. 우리 피부에는 기름기가 있어서 먼지나 세균 등이 묻으면 잘 떨어지지 않습니다. 물로 씻는다면 먼지나 세균 중 일부는 제거할 수 있어도 기름기는 쉽게 제거할 수 없습니다. 예를 들어 식용유가 손에 묻었을 때 물로만 씻으면 계속 미끈거리지만, 세제나 비누를 이용해 씻으면 쉽게 해결됩니다.

기름이 물에 잘 씻기지 않는 이유는 **친유성기(소수성기)**이기 때문입니다. 친유성기는 **친수성기**에 반대되는 말로 물과 친화력이 낮고 기름과 친화력이 높은 원자단을 말합니다. 세균도 대부분 친유성기이므로 물로만 씻어 내면 잘 씻기지 않아 비누 같은 세정제를 사용해야 합니다. 비누는 지방산과 염기로 구성됩니다. 즉, 친유성기와 친수성기가 함께 있으며, 친유성기 부분이 기름을 둘러싸고 동그랗게 미셀(마이셀) 구조를 형성해서 피부로부터 분리되기 쉬운 상태를 만듭니다. 이런 원리로 비누 거품을 내서 손을 문질러 씻으면 세균 등의 이물질을 쉽게 제거할 수 있으며, 이때 단순히 비누와 접촉만 하지 말고 흐르는 물에 30초 정도 빡빡 씻어야 한다는 겁니다.

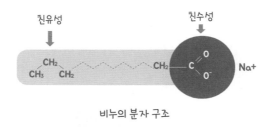

비누의 분자 구조

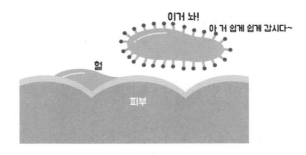

비누의 친유성기가 피부에 달라붙은 때를 감싸서 떼어 낸다.

다시 주제로 돌아와서, 비누가 세균을 죽이는 게 아니라면 여럿이 함께 쓰는 고체 비누는 세균으로 가득할 것이므로 비위생적이지 않을까요? 결론을 말하면 일반적으로 손을 씻을 때 사용하는 비누는

피에이치pH가 높아서 세균이 생존하기 어렵습니다. 참고로 피에이치는 산성이나 알칼리성의 정도를 나타내는 수치로, 피에이치가 높다는 말은 알칼리성(염기성)이라는 의미입니다.

그런데 비누가 아닌 비누 거품에는 세균이 살 수 있습니다. 사람들이 손을 씻기 위해 비누로 거품을 낸 뒤 거품이 묻은 비누를 그대로 비누 받침대 위에 올려놓곤 하는데, 이때 거품 안에는 수많은 세균이 존재합니다. 이 세균은 받침대로 옮겨 갈 수 있으므로 비누가 세균으로부터 안전하다고 단정 지을 수 없습니다.

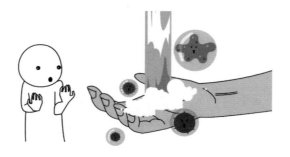

오염된 비누를 만져도 물로 잘 씻으면 아무 문제가 없다!

이와 관련해 1965년과 1988년에 발표된 논문을 보면, 실제로 비누 받침대에 무수한 세균이 존재했고 오염된 비누를 이용해서 손에 거품을 냈을 때 세균이 많아진다는 사실을 확인했습니다. 다만, 그 상태에서 손을 물로 씻으면 세균이 함께 씻겨 나가므로 별다른 문제는 없었다고 합니다. 즉, 다 같이 쓰는 공중화장실 고체 비누는 안전합니다.

과일은 왜 알칼리성일까?

물에 녹았을 때 수소이온(H^+)을 내놓는 물질을 '산', 수산화이온(OH^-)을 내놓는 물질을 '염기'라고 부릅니다. 염기를 '알칼리'라고 부르기도 하는데, 엄밀히 말해 알칼리는 염기의 하위 개념입니다. 수소이온과 수산화이온 농도는 단위가 너무 작아 표기하기에 불편하므로 산성과 염기성의 정도를 나타낼 때는 피에이치(pH. 수소이온 농도 지수)라는 단위를 사용합니다. 수소이온 농도가 10배 증가하면 pH가 1 감소하며, 100배 증가하면 pH가 2 감소했다고 표기하는 식입니다. 이에 따라 pH 7을 중성으로 두고, pH가 7보다 작으면 산성, 7보다 크면 염기성으로 분류합니다.

대체로 산성 물질은 신맛이 나며 염기성 물질은 쓴맛이 난다고 알려져 있지만 '산성 물질'이 곧 '산성 식품'은 아닙니다. 식품이 산성인지 염기성인지는 식품 자체의 성질이 아니라, 체내에서 소화될 때 어떤 물질을 만드는가를 기준으로 판단하기 때문입니다. 소화 과정에서 황(S)이나 인(P) 같은 산성 물질을 만들어 낸다면 '산성 식품', 나트륨(Na)이나 칼륨(K) 같은 염기성 물질을 만들어 낸다면 '염기성 식품'으로 불립니다. 레몬, 사과 등 신맛이 나는 대표적인 식품인 과일이 염기성(알칼리성) 식품으로 분류되는 것도 바로 이런 이유입니다.

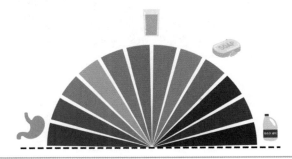

20

왜 몸에 좋은 자세는 불편하고
안 좋은 자세는 편할까?

자세는 몸을 움직이거나 가누는 모양을 말합니다. 앉거나 눕거나 서 있을 때 사람마다 선호하는 자세가 있습니다. 이 글을 읽는 여러분이 각자 어떤 자세를 선호하는지는 알 수 없으나 분명 몸에 좋지 않은 자세를 선호할 겁니다. 왜냐하면 그 자세가 편하기 때문입니다. 전문가들이 말하는 올바른 자세를 하고 있으면 상당히 힘듭니다. 여기서 의문이 생깁니다. 왜 몸에 좋다는 자세는 불편하고, 몸에 안 좋은 자세는 편할까요?

몸에 좋은 자세와 안 좋은 자세는 우리가 얼마나 편하다고 느끼느냐에 따라서 구분되는 것이 아닙니다. 이 의문을 해결하기 위해

* 이 글은 김의사박사 님(의사, 이학 박사)의 투고를 바탕으로 재구성했습니다.

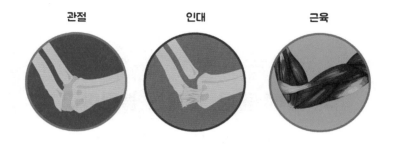

관절   인대   근육

서 먼저 우리 몸의 관절과 인대, 근육 등에 관해서 알아보겠습니다. 관절은 뼈와 뼈가 연결되는 부위를, 인대는 뼈와 뼈 사이를 연결해 주는 섬유성 결합 조직을, 근육은 힘줄로 뼈에 연결된 근육 세포들의 결합 조직을 말합니다. 많은 사람이 운동을 통해 근육을 단련하곤 합니다. 운동을 하면 근섬유가 미세하게 손상되었다가 회복하는 과정에서 주변의 위성세포와 단백질과 융합해 근육이 커집니다. 이러한 과정을 반복해서 근육질의 몸을 가질 수 있습니다.

그런데 관절이나 인대를 단련하는 사람을 본 적이 있으신가요? 없을 겁니다. 관절과 인대는 소모품이라서 무리하게 사용하면 안

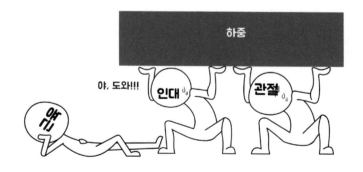

됩니다. 몸에 안 좋다고 하는 자세는 바로 관절과 인대를 무리하게 사용해서 버티는 자세를 말합니다. 이런 자세는 근육을 덜 사용하는 대신에 일부 하중이 관절과 인대로 분산되므로 편하게 느껴집니다. 하지만 그 대가로 관절과 인대를 더 빨리 닳게 합니다.

짝다리를 짚는 자세를 예로 들어 보겠습니다. 짝다리를 짚으면 한쪽 다리가 다른 다리의 부하까지 견뎌야 합니다. 양쪽 다리의 근육과 무릎 관절로 견뎌야 할 체중을 한쪽 무릎 관절로만 견디므로 근육에는 힘이 덜 들어가서 편하지만, 체중이 온전히 실린 무릎의 관절과 인대는 빨리 닳습니다. 이는 장기적으로 신체에 무리를 주는 행동입니다.

몸에 좋지 않은 자세의 또 다른 경우는 특정 근육만 과도하게 사용하는 자세입니다. 특정 근육을 과도하게 사용하면 해당 근육에 피로가 쌓이고, 올바른 자세를 유지하는 데에 필요한 다른 근육들을 단련하지 못하게 됩니다. 그래서 시간이 지날수록 점점 더 몸에 좋지 않은 자세를 찾게 되고, 결국 자세와 건강이 모두 나빠지는 악순환에 빠집니다. 흔히 구부정한 자세가 바로 이런 경우입니다. 이 자세는 곧은 자세에 비해 근육이 중력에 대항하는 힘을 덜 쓰므로 편합니다. 그러나 그만큼 해당 근육이 발달하지 못하므로 시간이 지날수록 곧은 자세를 취하는 것이 더 힘들어집니다.

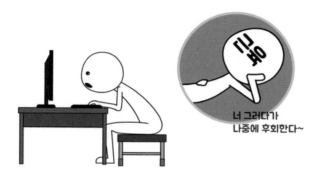

몸에 좋은 자세란 당장은 힘이 들어도 올바른 자세를 유지하는 데 필요한 근육을 단련시킴으로써 장기적으로 이 근육이 덜 피로하게 하고, 소모품인 관절과 인대를 오래 쓸 수 있게 하는 자세를 말합니다. 힘들더라도 건강을 위한 투자라고 생각하고 지금부터 올바른 자세를 유지하길 바랍니다.

궁이에게 배우는 바른 자세

서 있을 때
허리를 곧추세우고 어깨를 펴서 척추와 골반이 일직선이 되도록 합니다.
이때 시선은 15도 정도의 높이로 앞을 바라보는 것이 적당합니다.

앉아 있을 때
엉덩이를 의자 깊숙이 넣고 앉은 뒤, 10도 정도 뒤로 허리를 펴고 어깨도
폅니다. 시선은 서 있을 때와 같습니다.

누워 있을 때
다리를 나란히 쭉 뻗은 상태에서 천장을 보고 똑바로 눕습니다. 양쪽 골
반이 어긋나지 않게 유의하고, 양팔은 손바닥이 하늘을 향하게 놓는 것이
좋습니다.

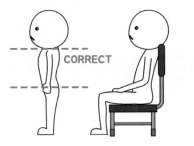

21

술을 마신 다음 날에
왜 일찍 깰까?

많은 사람이 술이 수면에 도움이 된다고 생각합니다. 그래서 잠을 자려고 일부러 술을 마시기도 합니다. 그런데 술을 마시고 잔 다음 날에 유독 평소보다 일찍 깨는 일이 많았을 겁니다. 단순한 우연일까요?

술의 주성분인 알코올은 중추신경계 활동을 둔화시키는 억제제의 기능을 하므로 술을 마시면 사고나 판단 능력에 문제가 생기고 쉽게 잠에 빠지게 됩니다. 또한 알코올은 우리 몸에 해로운 독성 물질이므로, 알코올이 체내에 들어오면 간에서 이를 분해해 해독하려고 합니다. 알코올이 간에서 분해되면 **아세트알데하이드** acetaldehyde 라는 화합물이 생성됩니다. 이 화합물이 혈액에 떠다니면서 사람을 취하게 하고 너무 많아지면 어지럼증이나 구토, 두통 등을 유발합니다. 결국은 알코올 대사 과정을 통해 사라지지만 이 과정이 완료되려면 시간이 필요합니다. 그래서 잠을 자는 동안에도 아세트알데하이드가 체내에 남아 있습니다.

수면 중에도 혈액에 떠다니며 작용하는 아세트알데하이드

알코올은 우리 몸에 여러 영향을 미칩니다. 구강 점막을 붓게 하고, 점액을 과잉 분비시켜 기도를 좁아지게 만듭니다. 신체 근육을 이완시키기도 하는데, 기도가 좁아진 상태에서 근육이 이완하면 기도가 막히기 쉽습니다. 그래서 평소에 코를 골지 않는 사람도 술을 마시고 잘 때는 코를 골기도 합니다. 또한 술을 마시면 혈액 순환이 빨라져 평소보다 체온이 오릅니다. 체온이 오르면 뇌가 자극을 받으므로 수면에 좋지 않습니다. 게다가 술은 항이뇨 호르몬인 바소프레신vasopressin의 분비를 방해해서 이뇨 작용을 촉진하고, 이는 탈수 증세로 이어집니다. 이런 다양한 작용으로 인해 술을 마시면 깊은 수면에 빠지지 못합니다.

하지만 위와 같은 상황에서도 우리 몸은 잠을 자기 위해 열심히 적응합니다. 문제는 알코올 대사가 끝난 후에도 우리 몸이 여전히 알코올 대사 중에 적응한 수면 주기를 따르려고 한다는 겁니다. 미국 헨리포드병원 수면장애연구소의 로엘스Timothy Roehrs 박사와 로스Thomas Roth 박사가 알코올과 수면의 관계에 대해 분석한 논문을 보면, 술은 수면 초기에는 도움을 주지만 앞서 언급한 다양한 이유로 나중에는 수면을 방해해서 평소보다 일찍 깨게 만든다고 합니다. 즉, 정상적인 수면 상태가 아니므로 평소보다 쉽게 잠에서 깨고, 렘수면에 제대로 진입하지 못했으므로 자고 일어나도 비몽사몽으로 피곤합니다.(렘수면에 관해서는 1부 '아침에 일어난 직후는 왜 그렇게 피곤할까?' 편 참고)

따라서 자기 전에 소량의 알코올을 섭취하는 것이 당장 잠드는 데는 도움이 될 수 있으나 장기적으로는 수면 주기에 영향을 주어 잠을 자도 피곤한 몸 상태를 만듭니다.

22

왜 비가 올 때 우산을 써도
바지 밑단이 젖을까?

비가 올 때 우산을 아무리 잘 써도 비를 완전히 피할 수는 없습니다. 특히 비가 너무 많이 오거나 바람까지 강하게 부는 날에는 우산을 썼는지 안 썼는지 모를 정도로 비에 젖곤 합니다. 그런데 비가 많이 오거나 바람이 강하게 부는 것도 아닌데 우산을 쓰고도 바지 밑단 뒷부분이 젖는 것을 많이 경험해 봤을 겁니다. 이유가 뭘까요?

이해를 돕기 위해 사람이 걷는 과정부터 알아보겠습니다. 사람이 걸을 때 다리와 발의 움직임은 132쪽 그림과 같습니다. 한 발을 지면에 내디뎠다가 떼기 직전까지를 **스탠스 구간**stance phase(서 있는 구간)이라 하고, 그 발을 지면에서 뗐다가 다시 내디디는 순간까지를 **스윙**

---

* 이 글은 이정진 님(서울대학교 기계공학부 박사과정)의 투고를 바탕으로 재구성했습니다.

구간swing phase(골반을 축으로 회전하는 구간)이라고 합니다. 오른쪽 다리가 스탠스 구간에 들어설 때 왼쪽 다리는 스윙하면서 몸이 앞으로 나갑니다. 이때 오른발은 뒤꿈치부터 발바닥, 발가락 순으로 지면을 딛습니다. 이후 오른발 발가락 부위로 지면을 밀어 몸이 앞으로 나가면서 발바닥 전체가 지면으로부터 완전히 떨어집니다. 오른쪽 다리의 스윙 구간에서는 왼쪽 다리로 선 채 몸이 앞으로 나가면서 뒤에 있는 오른발을 앞으로 가져갑니다. 양쪽 다리가 이와 같은 보행 주기를 번갈아 반복함으로써 걸을 수 있습니다.

오른발 기준, 스탠스 구간(위)과 스윙 구간(아래)

비가 올 때 우산을 썼음에도 바지 밑단 뒷부분이 젖는 이유는 스 탠스 구간이 끝나고 발뒤꿈치가 지면으로부터 떨어지는 시점에 지 면에 있던 빗물이 신발 뒤축에서 물기둥을 형성하기 때문입니다. 이와 관련해 미국 켄트주립대학교의 한 연구팀이 진행한 실험이 있 습니다. 연구팀은 물에 얕게 젖은 바닥 위를 걷는 사람의 발을 초고 속 카메라로 촬영해 그 과정을 살펴봤습니다.

이들의 실험에 따르면 스탠스 구간에서 젖은 땅에 발을 디뎠다가 발뒤꿈치를 뗄 때, 지표면에 있는 물 분자들이 서로 뭉쳐 있으려는

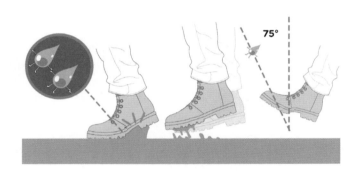

표면장력에 의해 신발 밑창과 지면 사이에 쐐기 모양의 물기둥이 형성됩니다. 이 물기둥의 일부는 발바닥이 지면으로부터 완전히 떨어질 때까지 형태를 유지하다가 발과 함께 앞으로 스윙합니다. 그리고 발이 스윙을 멈추는 순간 물의 표면장력이 관성을 이기지 못해 물기둥이 물방울 형태로 변하며 튀어 오릅니다. 이때 물방울이 튀어 오르는 방향은 지면으로부터 약 75도였습니다. 물방울은 스윙 구간이 끝나 땅에 내디디려는 발의 앞부분을 향해 떨어졌고, 연구팀은 이 과정을 거쳐 신발의 앞부분이 젖는다는 것을 확인합니다.

이 현상은 발뒤꿈치에서도 같은 원리로 발생합니다. 2018년 당시 경북과학고등학교 3학년생이었던 최원찬 군이 손문규 지도교사와 함께 빗길 위를 걸으며 발뒤꿈치에서 물이 튀는 장면을 초고속 카메라로 분석해 이 현상을 증명해 주었습니다. 앞서 켄트주립대학교에서 실험한 내용과 마찬가지로 스탠스 구간이 종료될 때 지면과

신발 밑창과 지면 사이에 생긴 물기둥이 부서지면서 생긴 물방울이 튀어 올라 바지 밑단을 적신다.

신발 밑창 사이에 물기둥이 형성되었고, 발뒤꿈치를 완전히 들어 올릴 때 물기둥이 부서지면서 발뒤꿈치에 맺힌 물방울이 위쪽으로 날아가 바지 밑단 뒷부분을 적셨습니다.

여기까지 이해했다면 걷다가 돌이 신발 속으로 들어가는 이유도 이해할 수 있을 겁니다. 스탠스 구간에서 신발 밑창이 지면으로부터 떨어질 때 땅바닥에 있던 돌멩이가 함께 튀어 올라 신발 속으로 들어갔을 겁니다.

23

창문이 열려 있으면
방문이 세게 닫히는 이유는?

날씨가 덥거나 환기가 필요할 때 창문을 열어 놓습니다. 창문이 열려 있을 때 방문을 닫으면 창문이 닫혀 있을 때와 같은 힘으로 닫아도 그보다 강하게 닫힙니다. 처음부터 창문의 개폐 여부가 방문이 닫히는 데 영향을 준다는 사실을 눈치챈 사람은 별로 없을 겁니다. 반복적인 경험을 통해 알게 됐을 텐데, 그다지 중요한 내용이 아니라서 무심코 넘어갔을 겁니다.

하지만 이 현상으로 크게 낭패를 겪을 때가 있습니다. 같은 공간에 있던 사람과 다툰 후 창문이 열려 있는 다른 방으로 들어가면서 홧김에 방문을 평소보다 아주 살짝 세게 닫았을 뿐인데 '쾅!' 하고

* 이 글은 이정진 님(서울대학교 기계공학부 박사과정)의 투고를 바탕으로 재구성했습니다.

닫히는 상황입니다. 이렇게 문이 닫히고 나면 많은 생각이 듭니다. 이때 어떤 사람은 바람이 불어서 그렇다며 변명하기도 하는데, 잘 생각해 보면 창문이 열려 있었을 뿐 바람이 분 것은 아닙니다.

이 현상은 공기의 흐름과 관련되어 있습니다. 다음의 설명에 참고한 자료는 영국 레스터대학교에서 매년 석사논문을 모아 발간하는 《물리학 특별 토픽 저널 Journal of Physics Special Topics》에 실린 논문입니다. 이 논문에서는 이해를 돕기 위해 몇 가지 상황을 설정하는데, 방의 구조는 아래 그림과 같고 창문은 닫혀 있습니다. 방문을 닫는 데는 1초가 걸리고, 방문을 닫을 때 가하는 힘은 22.3N으로 항상 일정합니다. 방문의 소재는 소나무이고, 크기는 가로 0.762미터, 세로 1.98미터, 무게는 28킬로그램이며, 두께는 매우 얇으므로 계산 시 고려할 필요가 없습니다. 그리고 문틈 사이의 공기 흐름은 무시할 만큼

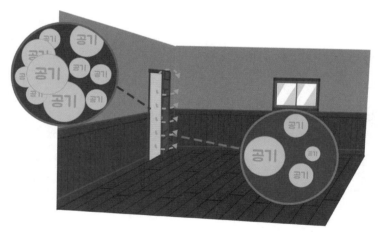

창문이 닫혀 있을 때 방문 앞뒤에서의 공기의 흐름

작습니다. 우리 눈에는 아무것도 보이지 않으나 공기 분자들이 방 안을 채우고 있을 겁니다.

이때 방문을 닫으면 공기 분자들이 문에 부딪히면서 밀릴 것이고, 이에 따라 공기 분자들 간의 충돌이 많아진 문 앞 영역은 그만큼 상대적으로 높은 압력(고기압)을 형성합니다. 반면에 문이 닫히면서 지나간 문 뒤 영역은 공간이 확장되면서 공기 분자들이 팽창해 상대적으로 낮은 압력(저기압)을 형성합니다. 압력 차이가 생기면 공기 분자들이 평형을 유지하기 위해 고기압에서 저기압으로 이동합니다. 그런데 평형을 유지하려는 공기 흐름보다 문을 닫는 움직임이 더 빠르면 문 앞뒤 영역의 압력 차이가 좁혀지지 않으므로 문을 닫기 위해 더 큰 힘이 필요합니다. 아래 그래프를 보면 0~5도 사이의 각도에서 문을 닫는 데 드는 힘이 가장 크다는 것을 알 수 있습니다.

다음은 창문이 열린 상태에 대해 알아보겠습니다. 이 상황에서는

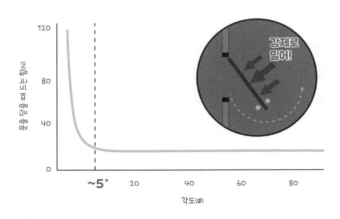

창문이 열려 있을 때 방문 앞뒤에서의 공기의 흐름

위에서 설명한 방문 앞뒤의 압력 차이를 줄이기 위한 공기 흐름이 발생하지 않습니다. 열린 창문을 통해 방 안의 공기가 빠르게 평형을 유지할 수 있기 때문입니다. 따라서 방문을 닫는 데 그다지 큰 힘이 들지 않으므로, 창문이 닫혀 있을 때와 비슷한 힘으로 방문을 닫으면 당연히 더 세게 닫힙니다. 그래서 창문이 열려 있을 때는 방문을 살살 닫아야 합니다.

여기까지 이해했다면 창문이 열린 상태에서 방문이 저절로 닫히는 이유도 이해할 수 있습니다. 많은 사람이 열린 창문에서 바람이 불어와 방문을 닫은 줄로 압니다. 분명 바람의 영향이 어느 정도 있겠으나, 이 또한 방 안의 공기 흐름에 의해 발생하는 현상입니다.

창문을 열어 놓으면 공기가 계속해서 순환합니다. 이때 방문 앞뒤 영역에서 공기의 흐름을 보면, 문 앞은 상대적으로 저기압이고 문 뒤는 상대적으로 고기압이 됩니다. 공기 분자들이 고기압에서 저기압으로 이동하면서 문이 닫히는 방향으로 힘이 발생하고, 문이 닫히는 과정에서 공기 흐름도 점점 빨라져 문에 가하는 힘이 세집니다. 이에 따라 관성에 의해 방문이 저절로 닫히면서 '쾅!' 소리를 내게 됩니다.

단, 여기에는 특정한 조건이 필요합니다. 문 뒤에서 앞으로 공기가 흐르는 속도가 문의 무게 이상의 압력 차이를 발생시킬 만큼 빨라야 하고, 문 뒤의 공기 흐름이 상대적으로 정체되어 있어야 합니다. 후자의 조건은 문 뒤가 벽으로 막혀 있는 경우 등에 가능합니다.

이처럼 공기 흐름과 압력, 즉 힘은 매우 밀접한 관계를 갖고 있으며, 이 관계를 규정한 것이 **베르누이 정리**입니다. 베르누이 정리에 따르면 공기나 물과 같은 유체의 흐름이 빨라지면 압력이 감소하고 느려지면 압력이 증가하며, 유체의 위치에너지와 운동에너지의 합은 항상 일정합니다. 유체의 압력 차이로 만들어지는 힘은 자동차가 달릴 때 발생하는 저항력처럼 주로 물체의 진행 방향과 반대 방향으로 가해지는 경우가 많지만, 이 힘을 잘 이용해서 공중으로 작용하게 만들면 비행기처럼 무거운 물체를 위로 띄울 수도 있습니다.

24

상한 음식을
끓여 먹으면 괜찮을까?

여름이든 겨울이든 음식을 먹을 때는 식중독을 조심해야 합니다. 식중독이란 식품 섭취로 인해 인체에 유해한 미생물이나 유독 물질이 발생하는 질환을 말합니다. 크게 미생물 식중독과 화학적 식중독으로 구분하며, 이들은 각각 세균성과 바이러스성, 자연독과 화학적 식중독으로 나뉩니다. 이 글에서 이야기하고자 하는 식중독은 가장 흔한 식중독인 세균성 식중독입니다.

고온다습한 여름에는 균이 증식하기에 좋은 환경이 형성되고, 이에 따라 식품의 변질 속도가 빨라져 식중독에 걸릴 확률이 높아집니다. 부패균이나 식중독균이 쉽게 증식하는 온도는 5~57℃이며, 이 중에서도 35~36℃일 때 균이 빠르게 증식하므로 식품 관리에 주의가 필요합니다. 그렇다면 균이 증식하는 온도를 피해서 음식을 보관하면 되지 않을까요? 맞습니다. 식품의 변질을 막기 위해서 고온이나 저온 상태를 유지하는 방법이 있습니다. 대개의 음식은 냉장고를 이용해서 저온 상태를 유지하고, 국물 요리의 경우는 반복해서 끓이는 식으로 식품의 변질을 막습니다. 하지만 이는 어디까지나 균의 증식 속도를 느리게 할 뿐 변질을 완전히 막는 방법은 아닙니다.

세균성 식중독은 발병 원인에 따라 감염형과 독소형으로 구분됩니다. **독소형** 식중독은 세균(황색포도상구균 등)의 독소에 오염된 식품을 섭취했을 때 발생하며, **감염형** 식중독은 세균(병원성 대장균, 살모넬라, 장염비브리오균 등)을 섭취한 뒤 체내에서 독소가 만들어질 때 발생합니다. 즉, 상한 음식에서 증식한 균이나 그 균이 생산한 독소를 섭취함으로써 식중독이 발병합니다.

식중독 증상은 상한 음식을 섭취한 뒤 대체로 72시간 이내에 나타납니다. 복통, 구토, 설사 등이 주요 증상이며 발열이나 신경 마비, 근육 경련 등을 동반하기도 합니다. 하루나 이틀 정도가 지나면 자연적으로 독소가 배출되어 건강이 회복되므로 그때까지 손실되는 체내 수분을 보충해 주기만 하면 됩니다. 빠른 회복을 원한다면 전해질 불균형을 맞추기 위해 수액을 맞을 수도 있고, 만약 상태가 너무 좋지 않으면 의사의 판단하에 항생제를 투여하기도 합니다.

식중독으로 웬만해서는 목숨을 잃지 않으므로 다들 가볍게 생각하는 편인데, 일단 걸리면 고생하는 것은 확실하므로 예방이 중요합니다. 기본적으로 식품 위생 관리를 잘해야 하고, 손 씻기 등 청

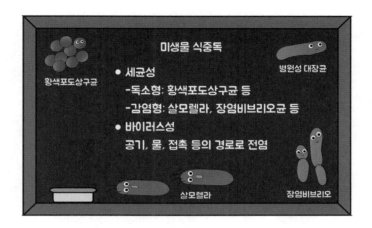

결 유지도 신경 써야 합니다. 무엇보다 음식물을 충분히 가열 처리해서 세균과 독소를 불활성화하는 것이 좋습니다. 특히 해산물은 날로 먹는 경우가 많은데, 고온다습한 날씨에는 장염비브리오균의 증식이 활발해지므로 해산물 속까지 충분히 익혀서 먹어야 안전합니다.

그렇다면 이미 상한 식품이라도 열을 가하면 세균이 사멸할 테니 먹어도 괜찮지 않을까요? 상한 음식에 열을 가하면 세균은 죽지만 세균이 만들어 낸 독소는 사라지지 않습니다. 예를 들어, 앞서 말한 식중독 원인균 중 황색포도상구균은 열에 강한 세균임에도 80℃ 이상의 온도에서 30분 이상 가열하면 사멸합니다. 그러나 황색포도상구균에 의해 생긴 독소인 엔테로톡신enterotoxin은 100℃ 이상의 온도에서 30분 이상 가열해도 여전히 존재합니다. 따라서 상한 음식은 절대 먹지 말고 버려야 합니다.

25

우유갑은 왜 여는 방향이
정해져 있을까?

우유는 종이로 된 갑에 담겨 판매됩니다. 이는 전 세계 170여 개국에서 이용하는 포장 방식으로 '게이블 탑gable top'이라고 불립니다. 종이로 만드는 이유는 편리하고, 안전하고, 경제성이 높기 때문입니다. 요령만 터득하면 누구나 쉽게 열 수 있고, 떨어뜨려도 깨지지 않으므로 위험하지 않습니다. 또한 내용물을 다 마신 다음에는 갑을 접어서 부피를 최소화할 수 있으므로 폐기할 때도 용이합니다. 무엇보다 우유는 온도에 민감한 제품이므로 캔처럼 열전도율이 빠른 용기를 이용하면 상할 수 있고, 미네랄 성분이 금속과 만나면 산화-환원 반응을 일으켜 부유물을 생성할 수도 있으므로 일반적으로 종이로 된 포장재를 사용합니다.

다른 나라에서 캔으로 된 우유를 봤다고 하는 분들이 있는데, 확

실히 짚고 넘어가자면 우유 캔은 못 만드는 게 아니라 경제성이 없
으므로 안 만드는 겁니다.

우유갑은 종이로 만들기 때문에 내용물 밀봉에 더 신경 써야 합
니다. 그렇다고 너무 강하게 접착을 해 놓으면 열기가 어렵습니다.
이는 기술력에 따라서 차이가 나는 부분입니다. 어쨌든 우유를 마
시려면 우유갑을 열어야 합니다. 여는 방법은 엄지와 검지를 이용
해 종이갑의 입구를 충분히 넓혀 주고, 다시 두 손가락을 이용해 힘
을 적당히 안배하면서 천천히 앞쪽으로 당기면 됩니다.

여기서 핵심은 여는 방향이 정해져 있다는 겁니다. 종이갑 입구
의 한쪽에는 '양쪽으로 여십시오'라는 문구가 있고, 다른 쪽에는 '반
대편을 여십시오'라는 문구가 있습니다. 너무 단호하게 적혀 있어
서 대부분의 사람이 그대로 따릅니다. 그런데 왜 여는 방향을 정해
놓은 걸까요? '반대편을 여십시오' 쪽으로 열어 보면 뻑뻑하긴 해도
잘 열리는데 말입니다. 그 이유를 알아보고자 우유 업체 네 곳에 문
의했고 비슷한 답변을 받았습니다.

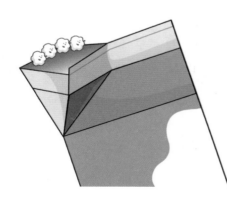

이유는 단순합니다. 우유갑에
우유가 담기면 기계가 뜨거운 열
로 입구를 압축·봉인하는데, 여는
쪽은 접착 약화 처리가 되어 있습
니다. 즉, 접착이 약하므로 좀 더
쉽게 열 수 있는 겁니다.

단지 그 이유 때문이라면 어느

방향으로 열어도 상관없지 않느냐고 반문할 수 있습니다. 크게 상관은 없으나 여는 방향의 반대편으로 열면 종이 보풀이 발생합니다. 그러면 우유를 마실 때마다 종이 보풀이 우유와 접촉하고, 컵 속으로 흘러 들어갈 수도 있습니다. 종이 보풀이 건강에 해로운 건 아니지만, 정해진 방향을 따르면 보풀이 발생하지 않으므로 그대로 하는 게 좋습니다.

우유갑 바닥에 적힌 숫자의 의미는?

우유갑 바닥을 살펴보면 조그맣게 숫자가 적혀 있고 정체를 알 수 없는 선들도 보입니다. 떠도는 이야기로는 이 숫자가 우유갑의 재활용 횟수를 가리킨다고 합니다. 어릴 적 우유 급식을 할 때 재활용을 위해 우유갑을 잘 접어서 모아 놓은 기억이 있어서 정말 이렇게 믿는 사람도 많습니다. 사실 이 숫자와 선은 각각 우유갑을 인쇄할 때 사용한 기계와 잉크를 식별하기 위한 용도입니다. 이렇게 식별할 방법이 없다면 우유갑 생산과정에서 문제가 발생할 때 생산을 전부 중단하고 일일이 확인해야 할 겁니다. 그리고 우리가 잘 접어서 모아 놓은 우유갑은 다시 우유갑으로 사용되지 않고 화장지나 벽지로 재활용됩니다.

4부

신기하지만 물어본 적 없는
동물에 관한 이야기

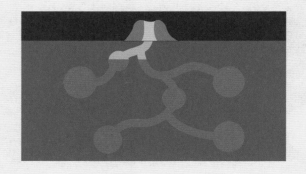

26

비가 오면 개미집이
물에 잠길까?

개미는 벌목 개미과에 속하는 곤충의 총칭으로, 그 첫 출현은 중생대 백악기 중·후기로 추정됩니다. 오늘날 전 세계에 분포하며 군체를 이루어 집을 짓고 살아갑니다. 이들은 사회성을 보이는 특이한 곤충입니다. 여왕개미, 일개미, 수개미, 병정개미 등이 계급사회를 이루어 각자 주어진 임무를 수행합니다. 또한 페로몬이나 소리, 몸짓 등으로 의사소통을 한다고도 알려졌습니다.

개미의 서식 공간인 개미집은 땅이나 나무에 굴을 파서 만든 것으로 상당히 복잡한 구조로 되어 있습니다. 154쪽 개미집 단면도에서 공간이 상대적으로 넓은 곳이 방이고, 방과 방 사이에 가느다랗게 이어진 부분이 이동 통로라고 생각하면 됩니다. 방마다 각자 쓰임이 존재합니다. 여왕개미방, 고치방, 애벌레방, 음식 저장방, 수개미방, 시체방 등 인간이 방의 용도를 구분하는 방식과 비슷하게 개미도 방을 구분해서 사용합니다.

그런데 여기서 한 가지 의문이 생깁니다. 개미집 출입구는 구멍만 있고 문이 없어서 외부와 바로 연결됩니다. 만약 비가 오면 구멍 안으로 빗물이 들어갈 것이고, 그러면 개미집이 물에 잠기지 않을까요? 개미가 지금까지 잘 살아온 것을 보면 이에 대비한 그들만의 특

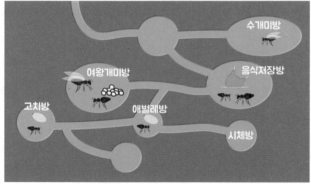

별한 생존 방식이 있는 듯합니다.

　개미는 아무 곳에나 집을 짓지 않습니다. 땅속이나 바위 밑, 나무 밑이나 속 등 살아가기에 적합한 공간인지 매우 신중하게 고려해서 집의 위치를 정합니다. 그리고 비가 올 때도 안전하다고 판단되는 곳에 집을 짓습니다. 하지만 비가 예외적으로 많이 올 때가 있으니 절대적으로 안전하다고 장담할 수는 없습니다. 그래서 흡수력이 좋은 토양으로 집을 지어서 빗물이 집 안으로 들어오는 상황에 대비하고, 그래도 안 될 때는 임시방편으로 집의 일부가 무너지게끔 설계합니다. 즉, 토양이 전부 흡수할 수 없을 만큼 빗물이 많이 들어오면 개미집 일부가 무너져서 입구를 막아 버립니다.

　그래도 흙으로 막은 것이므로 완전한 차단은 힘듭니다. 이런 경우에 개미들은 집 위쪽으로 새로운 굴을 파서 빗물을 피하고 알이나 애벌레, 번데기 등을 안전하게 대피시킵니다. 그리고 비가 그치고

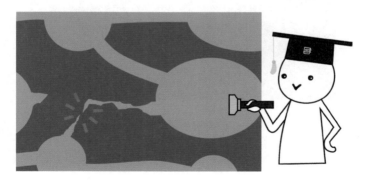

개미집을 일부러 무너지게 해서 빗물을 막을 수도 있다!

나면 무너진 곳을 복구합니다.

사실 개미집으로 들어가는 구멍은 크기가 작아서 빗물의 유입이 그렇게 많지 않습니다. 또한 자세히 보면 구멍 주위에 얕은 담처럼 쌓아 놓은 게 보일 겁니다. 개미는 비가 올 것 같으면 담의 높이를 평소보다 높게 만들어서 빗물에 대비합니다.

이외에도 개미의 종류에 따라서 대응하는 방식이 다양합니다. 정 안 되겠다 싶으면 기존의 집을 버리고 새로운 집을 짓기 위해 이동 하기도 합니다. 보통 하루 이틀이면 개미집을 완성한다고 하니 이 런 방법도 가능한 겁니다.

개미집 구멍 둘레에 여러 겹으로 쌓은 담장

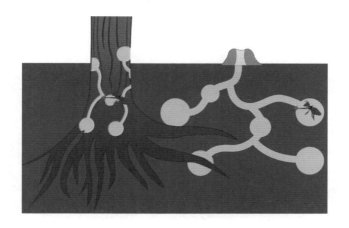

댓글1 개미한테 너무 미안하다. 저렇게 열심히 만들었는데 내가 어렸을 때 왕구슬로 개미집 입구를 막아 버림.

댓글2 어렸을 때 한 번씩 개미들이 알을 들고 어디론가 줄지어서 이동하는 걸 본 적이 있는데 그다음 날에 꼭 비가 오더라고요.

댓글3 기상 예측도 하고 내 집 마련도 하루 이틀이면 되고. 사람보다 낫네.

댓글4 개미는 뚠뚠~

저렇게 느린데 포식자가 나타나면 어떻게 피하지?

27

나무늘보는 야생에서
어떻게 살아남을까?

특이한 생활 방식으로 잘 알려진 나무늘보는 나무와 느림보가 합쳐진 이름처럼 나무에서 매우 느리게 움직입니다. 평균 이동속도가 시속 0.9킬로미터라고 하니 느린 것도 도를 지나칩니다. 나무늘보가 이렇게 느리게 움직이는 이유는 근육량이 적기 때문입니다. 근육량이 적어서 에너지 소모량도 적고 그만큼 먹는 양도 적습니다. 그래서 대부분의 시간을 나무에 매달려서 보냅니다. 나무늘보가 스스로 나무에서 내려올 때는 배설할 때뿐이고, 많이 먹는 편이 아니라서 배설도 일주일에 한 번 정도만 합니다. 심지어 짝짓기도 귀찮아서 죽을 때까지 혼자 사는 경우도 있다고 합니다. 참고로 나무늘보가 짝짓기에 필요한 시간은 5초입니다.

이런 나무늘보의 수명은 10~30년으로 절대 짧지 않습니다. 이 기간 동안 약육강식의 세계에서 느릿느릿 움직이면 생존이 쉽지 않을 것 같은데, 무언가 특별한 생존 비법이라도 있는 걸까요?

나무늘보를 자세히 관찰하면 발톱이 매우 기다랗고 살벌합니다. 나무늘보의 악력이 성인 남성의 5배 정도라고 하니, 만약 발톱으로 공격한다면 상대에게 꽤 위협적일 수 있습니다. 하지만 실제 움직임을 봐서는 방심만 하지 않으면 괜찮아 보입니다. 그렇다면 도대체 나무늘보는 야생에서 어떻게 살아남는 걸까요?

아오 저걸....

무슨 뚱딴지같은 소리인가 싶겠지만 그 비법은 '느림'에 있습니다. 일단 나무늘보는 나무에 계속 매달려 있으므로 육상 동물이 나무 위로 올라오지 않는 이상 위협받을 일이 없습니다. 그나마 위협적인 동물은 독수리나 솔개처럼 하늘에서 공격하는 경우인데, 나무늘보는 느리게 움직이거나 움직이지 않아서 눈에 잘 띄지 않습니다. 즉, 느린 움직임 덕분에 포식자의 눈에 띄지 않는 방법으로 살아남습니다.

나무늘보의 털을 보면 뭔가 다릅니다. 털이 다리에서 몸 쪽으로, 배에서 등 쪽으로 자라기 때문에 나무에 매달린 상태에서 비를 맞으면 빗물이 배를 타고 등으로 흘러내립니다. 또한 털의 구조가 특이해서 우기가 되면 털 가닥마다 파인 홈에서 녹색 조류가 자랍니다. 그 덕분에 멀리서 보면 죽은 나뭇잎 뭉치처럼 보이는 위장 효과가 있어 생존 확률을 높입니다. (이 부분은 아직 근거가 부족해 반대 의견도 존재합니다.)

어디로 간 거야...

나무늘보의 털에서 녹색 조류가 자라 보호색 역할을 한다.

어쨌든 나무늘보에게 포식자보다 무서운 게 있다면 인간입니다. 인간이 사냥으로 생존하던 시절에 느릿느릿 움직이는 나무늘보는 매우 좋은 사냥감이었습니다. 하지만 사실 나무늘보는 먹을 살도 별로 없고, 맛도 없습니다. 아무리 사냥하기 쉬워도 잡을 이유가 없으므로 인간에게서도 살아남을 수 있었던 겁니다. 이런 점들을 보면 나무늘보는 여러모로 생존에 특화한 녀석입니다.

잡아 봤자
맛도 없을 텐데.

그리고 나무늘보가 땅에서 이동할 때는 늘 기어 다닙니다. 걸으면 조금 더 빠르게 이동할 수 있을 것 같은데도 기어 다니는 이유는 근육 분포에 있습니다. 나무늘보는 앞발과 어깨에 전체 근육의 25퍼센트가 집중되어 있고, 뒷발에는 근육이 거의 없습니다. 그래서 매달리는 것만 잘하고 걸을 수는 없으므로 기어 다니는 겁니다.

28

물고기도 고통을
느낄 수 있을까?

　대부분의 생명체가 고통을 느낀다고 알고 있을 겁니다. 그렇다면 물고기도 고통을 느낄 수 있을까요? 이런 의문을 가지는 이유는 물고기를 잡는 방식에서 비롯됩니다. 물고기를 잡는 방식 중에 낚시는 낚싯바늘에 미끼를 걸어서, 물고기가 이 미끼를 물면 입이 낚싯바늘에 꿰이면서 잡히는 방식입니다. 바늘로 입을 꿰다니, 사람이었다면 비명을 지르거나 매우 고통스러운 표정을 지었을 겁니다. 하지만 물고기는 고작 몸을 파닥이는 행동이 전부인데, 바늘에 걸리지 않아도 물 밖에 나오면 늘 몸을 파닥이므로 이것이 고통의 표현인지 그저 반사적으로 하는 행동인지 구별할 수 없습니다.

　수 세기 동안 물고기는 고통을 느끼지 못한다는 주장이 정설로 통했습니다. 사람은 통증을 감지할 수 있는 통각수용기와, 통증 정보를 전달하는 신경섬유인 C섬유와 Aδ섬유가 있습니다. 반면에 물고기에게는 이 섬유가 거의 없고, 있다고 하더라도 이를 인식할 대뇌 신피질neocortex이 없기에 통증을 느낄 수 없다고 생각했습니다.

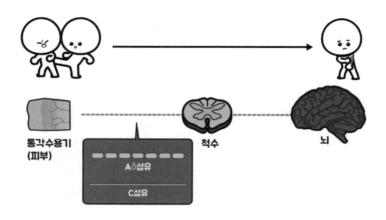

하지만 일부 과학자는 뇌의 다른 부분을 통해 물고기도 통증을 느낄 수 있다고 추측했고, 2000년대에 들어서 미국 와이오밍대학의 로즈J. D. Rose 교수 등이 이를 주장하는 연구 자료를 내놓기 시작합니다.

2003년 영국 왕립학회지 Proceedings of the Royal Society B에 소개된 한 실험에서 벌침의 독액과 아세트산(산성 용액)을 무지개송어 Oncorhynchus mykiss의 입술에 바르자 수조의 벽면과 바닥 등에 입술을 비비는 행동을 보였습니다. 실험을 진행한 연구진은 이 행동이 포유류가 통증을 완화하기 위해 하는 행동과 비슷하다는 점을 근거로 들어 물고기도 통각수용기가 있다고 주장했습니다.

또한 2009년에 금붕어를 이용해 진행한 실험도 있습니다. 한쪽 집단(실험군)에는 진통제(모르핀)를 투여하고, 다른 한쪽 집단(대조군)에는 아무것도 하지 않은 채 물의 온도를 38℃까지 천천히 올렸습니다. 그리고 물의 온도를 다시 낮춘 다음에 금붕어의 행동 변화를 관찰했습니다. 실험 결과를 보면 진통제를 투여한 집단에서는 별 반응을 보이지 않았는데, 진통제를 투여하지 않은 집단에서는 무기력한 모습을 보였습니다. 이를 근거로 물고기도 통증을 느낀다고 주장했으나, 이 연구는 설계가 빈약하고 해석상의 오류가 있다는 이유로 인정받지는 못했습니다. 이처럼 물고기가 통증을 느끼는지의 여부를 놓고 명확한 결론 없이 논쟁이 이어지고 있습니다.

한편, 스위스 정부는 2018년 3월에 동물보호법을 개정해 살아 있는 바닷가재나 새우 등 십각목에 해당하는 갑각류를 산 채로 조리하는 것을 금지했습니다. 그 이유는 갑각류가 통증을 느낄 수 있기 때문이고, 이에 대한 근거는 2013년 《실험 생물학 저널 *Journal of*

Experimental Biology》에 게재된 논문입니다. 논문에 소개된 실험 내용을 보면, 게의 다리에 전선을 연결하고 게가 숨을 동굴 두 개(A, B)를 준비합니다. 그리고 게가 A 동굴에 들어갈 때마다 전기 자극을 반복해서 쳤더니 A 동굴을 피해 B 동굴로 들어간다는 사실을 확인했습니다. 심지어 일부 게는 자신의 다리를 자르고 도망가기도 했습니다.

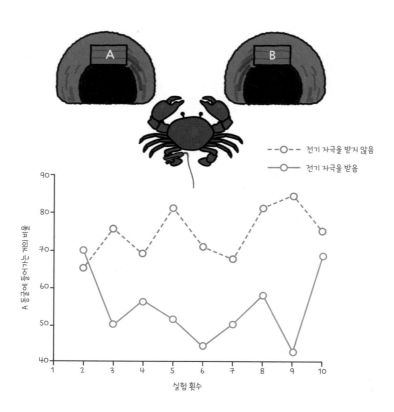

　이런 반응을 근거로 동물보호단체 운동가와 과학자 들은 갑각류
가 고통을 느낀다고 주장했고, 스위스 정부에서 이를 받아들였습니
다. 만약 물고기도 고통을 느낀다는 사실이 입증되면 동물 보호법
이 개정될 수도 있을 겁니다.

29

날벌레는 왜 허공에서
떼를 지어 날아다닐까?

가끔 길을 걷다가 조그마한 날벌레들이 떼를 지어서 허공을 비행하는 모습을 볼 수 있습니다. 워낙 크기가 작아서 멀리서는 시야에 들어오지 않다가, 가까이 접근했을 때 갑자기 나타나는 것처럼 보여서 기겁하며 피하게 됩니다. 간혹 입이라도 벌린 상태로 날벌레 떼 사이를 지나가면 입안으로 벌레가 들어오는 아주 불쾌한 경험을 할 수 있어서, 이들을 발견하면 입을 꾹 다물고 걸어가곤 합니다. 날벌레가 하늘을 비행하는 모습은 전혀 놀랍지 않습니다. 하지만 일정한 높이에서 떼를 지어 계속 날고 있으니 의문이 생깁니다.

일단 우리가 접한 날벌레의 정체는 깔따구일 확률이 매우 높습니다. 날벌레는 대부분 떼를 지어 비행하므로 정확한 종을 특정하기는 어렵지만, 조그마한 크기라면 깔따구가 맞을 겁니다. 깔따구의

생김새는 모기와 비슷하고 크기는 모기보다 작습니다. 입이 퇴화해서 사람을 물지 않지만, 접촉했을 때 알레르기 등의 질환을 유발할 수 있으므로 웬만하면 피하는 게 좋습니다. 만약 깔따구가 사람을 공격했다면 불쾌감 정도가 아니라 공포의 대상이 됐을 겁니다.

깔따구가 허공에서 떼를 지어 비행하는 이유는 번식을 위해서입니다. 암컷 깔따구가 허공에서 특정한 유인 물질을 분비하면 그 주변으로 수컷 깔따구가 모이면서 자연스럽게 떼를 짓습니다. 이는 많은 곤충에서 흔히 볼 수 있는 번식 방법입니다. 그런데 이렇게 떼를 지어서 비행하면 포식자의 눈에 띄어 단체로 잡아먹히지 않을까요?

실제로 떼를 지어서 비행할 때 포식자가 나타나면 상당수가 잡아먹힙니다. 그렇다고 일대일로 만나서 번식을 시도하면 성공률이 떨어지고 오히려 더 위험할 수 있으므로, 어느 정도 피해를 감수하고 떼를 지어서 번식하는 겁니다. 그리고 포식자가 나타났을 때 사방으로 퍼지면 나름대로 생존 확률을 높일 수 있습니다. 이런 번식 방법은 또한 유전적 다양성을 높일 수 있으므로 미래까지 내다본다면 매우 합리적입니다.

사실 많은 사람이 곤충이 번식하든 말든 관심 없습니다. 우리가 진짜 궁금해하는 것은 이 벌레들이 왜 우리 얼굴 주변에서 떼를 지어 날아다니냐는 겁니다. 우리가 번식의 순간을 방해해서 화풀이라도 하는 걸까요?

그 이유에 대해 사람의 눈과 입 등에 있는 수분 때문이라는 이야기도 있고, 체온이나 화장품 냄새 때문이라는 주장도 있습니다. 하지만 이는 사실이 아니고 진짜 원인은 벌레들의 본능적인 행동입니다. 날벌레들이 혼인 비행을 할 때 수컷은 암컷을 유혹하기 위해 암컷에게 잘 보이는 특정 지형의 높은 위치를 차지하려고 합니다. 날벌레 입장에서는 사람의 머리 쪽이 그런 위치이므로 머리 주변으로 모이는 겁니다.

이때 한쪽 팔을 들어 올려서 더 높은 위치를 만들어 주면 팔 쪽으로 날벌레 떼를 유인할 수 있습니다. 그러니 혹시 날벌레 떼를 발견하면 손을 든 채 지나가 보길 바랍니다. 물론 날벌레와의 접촉은 좋지 않으므로 재빠르게 자리를 피해 주는 것이 좋습니다.

탈출이닷!

30

기린도 구토를 할까?

기다란 목과 얼룩무늬가 특징인 기린은 반추동물 중에서 크기가 가장 큽니다. 키는 약 4.8~5.5미터이고, 무게는 약 1,700킬로그램까지 나갑니다. 여기서 **반추동물**은 한번 삼킨 먹이를 필요할 때 다시 게워 먹는 동물을 말합니다. 기린을 포함해 소, 낙타, 양 등이 이에 해당합니다. 기린의 기다란 목을 통해 음식물이 다시 올라온다는 것이 매우 신기한데, 그렇다면 그 과정에서 구토도 할 수 있지 않을까요?

구토는 배 속에 있던 내용물이 역류하여 입을 통해 힘차게 나오는 현상입니다. 구토를 하면 음식물이 폐로 넘어가서 폐렴에 걸릴수도 있고, 토사물이 제대로 분출되지 못하고 중간에 멈춰서 질식하게 될 위험도 있습니다. 하지만 기린은 사실상 구토할 확률이 낮습니다. 그 이유는 반추동물이기 때문입니다.

기린은 소와 마찬가지로 위를 4개나 가지고 있으며, 내용물을 역류시켜 반추위(제1위), 벌집위(제2위), 겹주름위(제3위), 주름위(제4위) 중 원하는 위에 위치하도록 할 수 있습니다. 만약 기린이 구토하면 벌집위(제2위)에서 반추위(제1위)로 혹은 겹주름위(제3위)에서 벌집위(제2위)로 역류가 발생합니다. 이를 **내부 구토**라고 합니다.

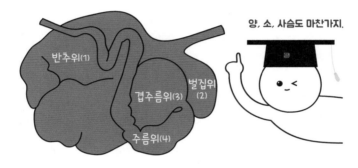

반추동물인 기린은 위가 4개나 있다는 사실!

하지만 반추위의 용량은 250리터로 매우 크므로 다른 위에서 내용물이 역류해 넘어오더라도 웬만하면 반추위에서 멈춥니다. 이는 1981년에 발표된 논문에서 또 다른 반추동물인 양을 통해 확인되었습니다. 즉, 반추동물은 입 밖으로 배출이 이루어지는 구토를 하지 않습니다.

이 밖에도 기린의 긴 목과 관련해서 많이들 궁금해하는 몇 가지 내용을 더 알아보겠습니다.

기린은 물을 어떻게 마실까?

기린은 아래 사진처럼 다리를 최대한 벌린 다음에 기다란 목을 아래로 내려서 물을 마십니다. 기린의 주식인 아까시나무 잎의 70퍼센트가 수분이라서 이것만 잘 먹어도 충분히 수분을 섭취할 수 있으므로 따로 물을 많이 마시는 편은 아닙니다.

심장과 뇌가 멀리 떨어져 있는데도 뇌에 혈액 공급이 잘 될까?

기린은 심장에서 멀리 있는 뇌에 혈액을 원활하게 공급하기 위해 다른 동물보다 혈압이 2배 이상 높으며, 높은 혈압에 잘 견딜 수 있도록 모세혈관 다발로 된 괴망wonder net이라는 특수 혈관 조직을 갖고 있습니다. 그러나 역시 심장에 무리가 많이 가므로 수명이 15~20년으로 짧고, 심장병으로 많이 사망한다고도 합니다.

잘 때는 긴 목을 어떻게 할까?

기린은 대체로 서서 잠을 잡니다. 야생에는 곳곳에 포식자가 있으므로 언제든지 도망갈 준비를 해야 하기 때문입니다. 대체로라고 표현한 이유는 누워서 자는 기린도 있어서입니다. 무리 내에서 서열이 높은 기린이나 어린 기린 들이 누워서 잠을 잡니다. 이들은 아래 사진처럼 머리를 뒤쪽으로 넘겨서 기대고 잡니다. 사실 기린은 초식동물임에도 신체 능력이 워낙 뛰어나서 천적이 별로 없습니다. 발차기 한 방이면 맹수를 가볍게 제압할 수 있습니다.

© Roland zh

상대를 공격할 때나 애정 표현을 할 때도 목을 사용한다고?

기린은 적을 공격할 때 긴 목을 쓰기도 합니다. 일곱 개의 목뼈와 절구관절(절구 속에서 공이가 움직이듯 모든 종류의 운동이 일어나는 관절)로 이루어진 기린의 목은 매우 유연해서 채찍처럼 사용할 수 있습니다. 이렇게 목을 휘둘러서 공격하는 것을 네킹 necking 이라고 하는데, 장기에 손상을 줄 정도로 강력하다고 합니다. 하지만 긴 목의 무엇보다 큰 장점은 시야가 넓어서 위험 상황을 미리 파악할 수 있다는 것입니다. 그래서 다른 초식동물들이 생존에 도움을 얻기 위해 기린을 따라다닙니다. 또한 기린은 서로의 목을 교차해 비비는 방식으로 애정 표현을 한다고도 알려졌습니다. 여러모로 정말 유용한 목입니다.

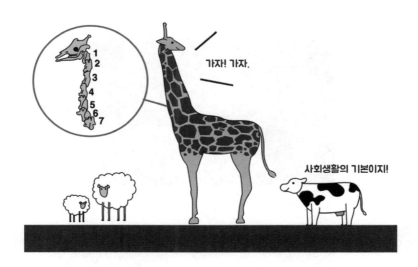

만약 인간의 유전자를 동물에게 삽입한다면

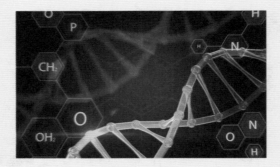

혹시……?

31

인간만의 고유한 유전자를
원숭이에게 삽입하면 어떻게 될까?

인간도 동물에 속하지만, 인간은 다른 동물과 구별되는 고차원적인 인지 기능이 있습니다. 먼 옛날에는 인간에게만 고유한 마법 같은 기운이 있어서 이것이 인간을 특별하게 만든다는 생각이 지배적이었습니다. 하지만 이 생각은 시간이 지나면서 점차 바뀌게 되었고, 모든 생명체가 DNA라는 동일한 생명 설계도로 만들어진다는 사실이 알려집니다. 그렇다면 동일한 설계도로부터 어떻게 인간만 고차원적인 인지 기능을 가지게 된 걸까요?

혹시 자신이 두세 살 때를 기억하시나요? 그 또래의 아이가 말하는 것을 보면 자신을 삼인칭으로 부르곤 합니다. 일부러 가르친 것

---

* 이 글은 이선호 님(과학 커뮤니케이터, 유튜브 채널 '과뿐싸' 운영)의 투고를 바탕으로 재구성했습니다.

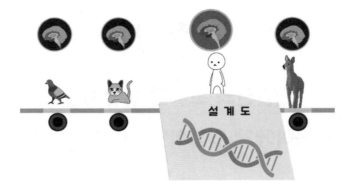

도 아닌데 그렇게 하는 이유는 자기 자신에 대한 의식이나 관념, 즉 '자아 개념'이 불분명하기 때문입니다. 그러다 자아가 형성되면 나와 주변을 구분하기 시작합니다. 이때가 바로 뇌의 가장 바깥 부분인 신피질이 급속히 발달하는 순간입니다. 만약 신피질이 발달하지 않거나 사라진다면 자아도 형성되지 않게 될까요?

　연구 결과에 따르면 그렇습니다. 그 예시로 노인성 치매는 환자의 신피질이 파괴되면서 증상이 나타납니다. 여기서 주목할 점은 환자가 치매를 앓기 전의 자기 자신을 잃어버리고 아이처럼 행동하는 모습을 보일 때가 많다는 겁니다. 이를 통해 신피질이 우리 인간의 고차원적인 인지 기능에 지대한 영향을 끼친다는 사실을 알 수 있습니다. 실제로 인간만 뇌의 80퍼센트를 신피질이 차지하고, 뇌 주름도 자글자글합니다. 무엇이 인간의 뇌를 이렇게 만들었을까요?

　그 비밀은 바로 약 50만 년 전에 우연히 돌연변이로 얻게 된 ARHGAP11B라는 유전자입니다. 오로지 인간만이 가진 이 유전자

내가 이렇게 똑똑한 이유는
신피질 때문!

신피질

1+1=2

2+2=4

3+3=6

나랑알싸미 동궈에
달아 문자와도 서르
사맛디 아니할쎄

이런 전차로
어린 백성이 니르고쳐
알바이셔도 마참니
제 뜻들 시러펴디

몰아 노미 하니라 내이블
윙하야 어엿비 너겨

는 2015년 독일 막스플랑크연구소에서 최초로 발견했습니다. 이 유전자만 있으면 태아 단계에서 신피질을 급속히 팽창시킬 수 있고, 뇌 주름도 자글자글하게 만들 수 있습니다. 이런 뇌 발달이 인간을 다른 동물과 다르게 만들어 준 것입니다. 그렇다면 이 유전자를 다른 동물에게 삽입하면 어떻게 될까요?

과학자들이 실제로 유전자 삽입 실험을 진행했는데, 첫 번째 실험동물은 쥐였고 두 번째 실험동물은 쥐보다 고등동물인 페럿(식육

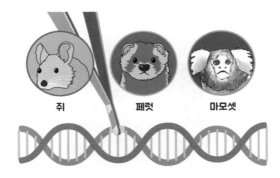

쥐   페럿   마모셋

유전자 가위 기술로 동물들에게 ARHGAP11B 유전자를 삽입해 보았다.

목 족제비과의 포유류)이었습니다. 실험 결과를 보면 유전자를 삽입한 동물의 신피질이 급속히 팽창했고 뇌에 주름도 많이 생겼습니다. 연구팀은 최종적으로 마모셋 원숭이의 수정란에 유전자 가위 기술(유전자의 특정 부위를 오려 내고 교정할 수 있는 기술)을 이용해 이 유전자를 삽입했고, 그 결과가 2020년 6월 저명한 국제 학술지《사이언스 Science》에 실렸습니다.

결과는 충격적이었습니다. ARHGAP11B 유전자가 삽입된 원숭이 태아의 뇌세포가 일반 원숭이 태아의 뇌세포보다 2배 이상 급속히 팽창했고, 뇌세포 숫자도 인간과 같은 수준으로 눈에 띄게 증가했습니다. 또한 뇌 주름도 인간과 매우 유사하게 형성되었습니다. 겨우 유전자 하나로 이러한 변화가 나타나자 과학자들도 많이 당황스러웠을 겁니다. 그래서 이 연구는 해당 원숭이 태아를 중절시킴으로써 중단됐습니다. 만약 유전자 조작 원숭이가 그대로 태어났더

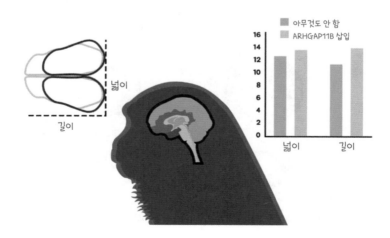

라면 어떤 모습을 하고 있었을까요?

　윤리적인 문제가 크기 때문에 실험에 앞서 많은 논의가 필요하겠으나, 인간의 호기심과 이윤 추구를 내세워 어디에선가는 금기를 깨고 비밀리에 실험이 진행되고 있을지도 모르겠습니다.

비윤리적입니다!

인간의 존엄성을
해치는 일이야.

복어가 그렇게
몸에 좋다는데...

하지만 독을 제대로
제거하지 않고 먹으면...?

복어 먹고 2명 숨져

32

복어는 어떻게 몸을 부풀리고
치명적인 독을 만들까?

복어는 위협을 받으면 몸을 둥글게 부풀리는 것과 매우 치명적인 독을 지닌 것으로 유명합니다. 가끔 뉴스에서 복어를 먹고 사람이 죽었다는 소식을 들을 수 있는데, 복어를 요리할 때 독을 제대로 제거하지 않으면 매우 위험합니다. 복어의 독은 상대가 복어를 잡아먹은 후에야 효과를 발휘한다는 점에서 방어의 수단이라기보다는 복수의 수단으로 보이기도 합니다. 다른 물고기에게서는 볼 수 없는 독특한 특징을 지닌 복어는 과연 어떻게 몸을 부풀리고 치명적인 독을 만들어 낼까요?

복어가 몸을 부풀리는 모습은 사람이 볼에 바람을 넣어 부풀리는 모습과 매우 흡사합니다. 그러나 복어는 물속에 있으므로 공기가 아니라 물을 흡입해서 몸을 부풀립니다. 만약 물 밖에 있는 상황이

팽창낭

라면 공기를 흡입해서 몸을 부풀리기도 합니다. 14초에 약 35회 흡입할 수 있으며, 이렇게 빨아들인 물이나 공기는 위에 있는 **팽창낭**으로 이동합니다. 팽창낭이 가득 차면 복어는 식도 근육을 수축해서 물 또는 공기가 빠져나가지 않도록 함으로써 몸을 정상 크기의 3~4배 정도로 크게 부풀릴 수 있습니다. 비정상적인 팽창에도 몸이 터지지 않는 이유는 피부 진피층에 콜라겐 섬유가 많기 때문입니다.

복어가 몸을 부풀리는 상황은 앞서 말한 것처럼 위협을 느낄 때입니다. 몸에 비해 작은 지느러미를 가진 복어는 민첩하게 이동하기가 힘들므로 다른 물고기와 차별화된 자기방어 수단을 가진 겁니다.

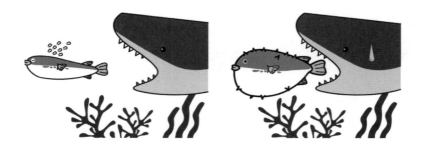

그렇다면 복어는 몸을 부풀린 뒤에 숨을 참고 있을까요? 이에 대한 답은 《생물학 회보 *Biology Letters*》에 실린 맥기 Georgia. E. McGee와 클락 Timothy. D. Clark의 논문을 보면 알 수 있습니다. 이들은 8마리의 복어를 수조에 넣고 스트레스를 줘서 몸을 부풀리도록 했습니다. 그런 뒤에 수조 내의 산소 소비량을 측정해서 복어가 몸을 부풀린 뒤에도 호흡하는지 확인했습니다. 그 결과 복어가 몸을 부풀리고 나서 산소를 무려 5배나 더 많이 소비했고, 팽창 후 원래 상태로 돌아오기까지 5시간 36분이 걸렸다고 합니다. 즉, 팽창한 상태에서도 숨을 참는 것이 아닙니다.

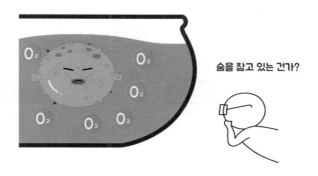

숨을 참고 있는 건가?

다음으로 복어가 독을 어떻게 생성하는지 알아보겠습니다. 복어의 눈, 쓸개, 아가미, 간, 난소, 창자, 피부 등에 존재하는 테트로도톡신 tetrodotoxin이라는 맹독은 무색·무미·무취이며 열과 물에 강한 특징을 보입니다. 복어는 전 세계적으로 100여 종이 분포하는데 모든 복어가 독을 지닌 것은 아니며, 자연에서 자란 복어와 양식한 복어의 독성에도 차이가 있습니다. 따라서 복어가 독을 생성하는 원리에 관해서는 논쟁이 존재합니다. 일본 나가사키대학 해양생물학과의 아라카와 오사무荒川修 교수는 무독성 먹이로 복어를 양식했을 때 복어에게서 독이 검출되지 않았다고 주장합니다. 이를 근거로 그는 복어가 먹이를 통해 독을 만들어 내는 것으로 추측했는데, 실제로 테트로도톡신은 조개껍데기나 불가사리, 납작벌레 등 복어의 먹이에서도 검출됐습니다.

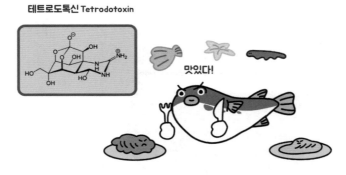

복어뿐만 아니라 복어의 먹이에도 독이 들어 있다.

재밌게도 양식한 복어를 자연산 복어와 같은 수조에 두면 양식 복어도 독을 생성한다고 합니다. 반면 두 복어를 같은 수조에 두더라도 그물로 격리해 놓으면 양식 복어에 독이 생기지 않았습니다. 이를 통해 복어의 독이 접촉을 통해 전염되는 것이 아닐까 추정하고 있습니다. 따라서 양식한 복어도 독을 품을 수 있으니 복어를 요리할 때는 항상 독을 제거하는 과정을 거쳐야 합니다.

몰라도 되지만 어쩐지
알고 싶은 잡학 상식

33

전쟁이 나면 교도소 수감자들은
어떻게 될까?

　징역·금고·구류 등의 자유형을 확정판결 받은 범죄자는 교도소에 갑니다. 그곳에서 자유를 박탈당한 채 교정·교화를 받으면서 형기를 마쳐야 다시 사회로 나올 수 있습니다. 그런데 형기 중에 전쟁 등의 특수한 상황이 발생하면 교도소 수감자들은 어떻게 될까요?

　전쟁이 발생했을 때 포격 등으로 인해 죽거나 다치지 않으려면 대피해야 합니다. 하지만 교도관의 통제를 받아야 하는 수감자는 이동이 자유롭지 않습니다. 국내 교정 시설의 1일 평균 수용 인원은 4~6만 명이고, 교도관 1명이 재소자 3~4명을 담당합니다. 2018년 기준으로 경제협력개발기구OECD 회원국 중 한국이 두 번째로 교도관 1인당 관리하는 재소자 수가 많다고 합니다. 이렇게 평상시에도 관리가 벅찬 상황에서 전쟁이 발생하면 수감자들을 대피시키는 것

은 어려운 일입니다.

그렇다면 전부 석방하거나 혹은 전부 그대로 가둬 놓는 방법을 생각해 볼 수 있습니다. 교도소 안에 경범죄자만 있다면 모두 석방하는 쪽이 그나마 괜찮겠으나, 중범죄를 저지른 흉악범까지 고려하면 이 방법은 사회적으로 큰 혼란을 야기할 수 있습니다. 그렇다고 전부 교도소에 가두는 것은 그 안에서 죽으라는 말과 다를 바 없으므로 비윤리적입니다. 이 두 가지 사이에서 절충안을 찾는 게 가장 합리적일 듯한데, 실제로 전쟁이 났을 때 교도소에서는 수감자를 어떻게 할까요?

정확한 답을 얻기 위해 법무부 교정본부에 문의했으나 교정 시설은 통합방위법상 국가 중요 시설에 해당하므로 관련 내용을 알려 줄 수 없다고 합니다. 그래서 아쉽지만 언론 등에 공개된 자료를 참고해서 알아보았습니다.

우선 교도소는 이미 전쟁 상황에 대비하고 있었습니다. 법무부의

'수용자 명적업무 지침' 중에서 제3장 수용자 신분장부 관리업무 제 14조에 따르면 전시 또는 비상사태에 대비해 조절 석방 대상자와 비대상자의 신분 카드를 분리해서 보안과장이 보관하고 있습니다. 전쟁이 나면 교도소는 앞서 말한 절충안을 시행합니다. 미결수 등 형이 확정되지 않은 수감자나 경범죄자 들은 일시 석방 또는 전시 가석방합니다. 이 과정에서 한꺼번에 전부 내보내는 게 아니라 전쟁 진행 상황에 따라 우선순위를 두고 1차, 2차, 3차 등으로 조절 석 방을 합니다.

이렇게 수감자 수를 최대한 줄인 다음에 살인, 강도, 내란·외환 등의 중범죄자들을 후방 교도소로 이감합니다. 아마 범죄자들을 병력으로 활용하면 좋지 않을까 하고 생각하는 사람이 있을 텐데, 이들은 오히려 민간인을 해칠 우려가 있다고 판단해서 병력으로 활용하지 않습니다.

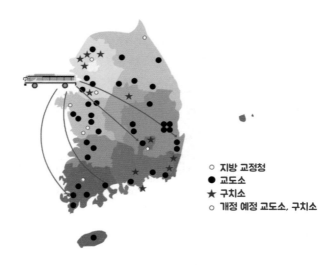

○ 지방 교정청
● 교도소
★ 구치소
○ 개정 예정 교도소, 구치소

출소하면 왜 두부를 먹을까?

교도소에서 형을 마치고 나오면 두부를 먹는 문화가 있습니다. 이것의 확실한 유래는 찾을 수 없으나 경찰청 공식 블로그에 관련 내용이 있습니다. 과거에 교도소에서 제공되는 식사는 매우 부실했습니다. 그나마 영양소가 풍부한 콩밥이 자주 나왔고, 그래서 지금도 교도소 하면 콩밥을 떠올립니다. 이런 식단에 맞춰 지내다가 출소해서 갑자기 기름지거나 자극적인 음식을 먹으면 탈이 나기 쉽습니다. 그래서 영양소가 풍부하고, 부드러워서 먹기 편한 두부를 출소자에게 먹였다는 이야기입니다.

또한 두부의 흰색은 순수, 청결 등을 상징합니다. 따라서 앞으로는 죄 짓지 말고 깨끗하게 살라는 의미가 담겨 있다고도 합니다. 이외에도 여러 설이 있으나, 결과적으로 누군가 출소했을 때 두부를 먹는 모습을 보고 많은 사람이 따라 하면서 관습처럼 되었다는 게 결론입니다.

근데 이거
두부 맞지...?

정신 차리고 살아.

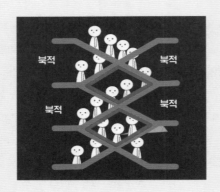

34

에스컬레이터 중간에 매달린
삼각 판의 정체는?

에스컬레이터를 이용할 때 난간 위로 삼각형 모양의 플라스틱 판이 가느다란 줄에 매달려 있는 것을 본 적이 있을 겁니다. 많은 사람이 이것의 정체를 광고판 정도로 알고 있습니다. 그런데 잘 생각해 보면 삼각 판이 아무 에스컬레이터에나 매달려 있지는 않습니다. 주로 백화점이나 대형 마트 등에서 볼 수 있는데, 그 이유가 뭘까요?

백화점이나 대형마트에 설치된 에스컬레이터는 올라가는 에스컬레이터와 내려가는 에스컬레이터가 층마다 근접하게 교차합니다. 교차한 에스컬레이터 사이에 마름모 모양의 빈 공간이 있고, 만약 누군가 이 공간으로 머리를 내민다면 순간적으로 목이 끼이거나 부딪히는 위험천만한 상황이 발생할 수 있습니다. 설마 어떤 사람이

머리 집어넣어!

그렇게 머리를 내밀고 있겠느냐고 반문할 수도 있겠으나, 백화점이나 대형 마트에는 볼거리가 많아서 많은 사람이 자기도 모르게 한눈을 팔고, 때로는 에스컬레이터에 서 있다는 사실조차 망각합니다. 그래서 정말 말도 안 되게 사고가 종종 발생합니다.

따라서 이런 사고를 방지하려면 에스컬레이터 이용자가 마름모 공간의 꼭짓점에 가까워질 때 이 사실을 알려 줘야 합니다. 바로 이 용도로 삼각 보호판을 설치해서, 만약 머리를 내민 사람이 있다면 보호판에 머리를 부딪치게 만듭니다. 이는 에스컬레이터를 만들 때 법령에 의한 구조상의 규제로, 백화점이나 대형 마트처럼 에스컬레이터를 교차하게 만들어서 사람이 끼일 위험이 있는 곳에는 삼각 보호판을 꼭 설치해야 합니다.

에스컬레이터를 이용할 때는 머리가 끼이는 것 외에도 다양한 사고를 조심해야 합니다. 예를 들면, 손잡이에 손을 올려놓고 있다가 손이 끼이기도 하고, 스커트 가드skirt guard라고 부르는 구둣솔처럼 생긴 장치에 신발을 닦는 등의 장난을 치다가 사고가 발생하기도 합니

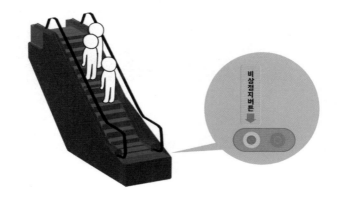

노란 선에 가까이 오지 마!

그거 나 아닌데...

으악

다. 특히 슬리퍼나 샌들처럼 말랑말랑한 재질의 신발은 모양이 변형되기 쉬워서 순간적으로 에스컬레이터 계단 사이로 빨려 들어가므로 더 조심해야 합니다. 긴 치마나 가방끈 등도 마찬가지입니다.

에스컬레이터에서 사고가 발생하면 기계가 자동으로 운행을 중단하도록 되어 있으나, 혹시 모르니 에스컬레이터 상하단부에 비상정지 버튼이 있다는 사실을 기억해 놓길 바랍니다. 무엇보다 예방이 중요하므로 에스컬레이터를 탈 때는 장난치지 말고 조심해서 이용해야 합니다.

비상정지버튼

35

상품권 판매 업체는
어떻게 돈을 벌까?

상품권은 현금과 동등한 가치를 지닌, 정해진 액수의 무기명 채권을 말합니다. 상품권을 가지고 해당 상품권 금액의 범위 안에서 원하는 상품을 구매할 수 있습니다. 하지만 상품권과 현금의 교환 가치가 같다면 굳이 상품권을 사용할 이유가 없습니다. 오히려 현금의 활용도가 더 크고, 상품권은 구매할 수 있는 물품에 여러 제약이 있습니다. 그래서 상품권 판매 업체는 사람들이 상품권을 구매하게끔 유도하기 위해 접근성과 활용도를 높였고, 특히 선물용으로 자리 잡을 수 있도록 마케팅을 열심히 했습니다. 무엇보다 할인 판매의 효과가 좋았습니다.

여기서 의문이 생깁니다. 더 비싸게 파는 것도 아니고 할인까지 해 준다면 상품권 판매 업체는 어떻게 돈을 버는 걸까요?

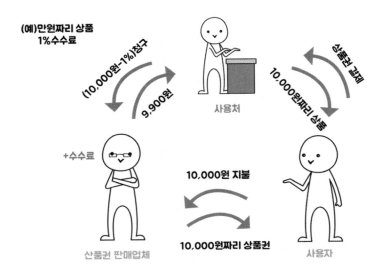

(예)만원짜리 상품
1%수수료

(10,000원-1%)청구

9,900원

상품권 결제

10,000원짜리 상품

사용처

+수수료

10,000원 지불

10,000원짜리 상품권

산품권 판매업체

사용자

   사용자가 상품권을 이용해 물품을 구매하면, 사용처에서 상품권 업체에 수수료를 제외한 금액을 청구합니다. 그러면 상품권 업체는 현금화에 성공하면서 수수료를 챙겨 수익을 낼 수 있습니다. 기본적인 수익 구조는 이렇지만, 아무리 봐도 얼마 남지 않을 것 같습니다. 그런데도 망하지 않고 꾸준히 운영되는 것이 의아합니다.

   상품권은 소비자가 사용하기 전까지는 종잇조각에 불과합니다. 이 종잇조각 한 장을 만들기 위해 들어가는 비용은 50~200원 정도이고, 그나마도 온라인으로 판매하면 제조비 부담이 없습니다. 그러니 소비자가 종잇조각인 상품권을 구매하면 판매업체는 무에서 유의 가치를 창조하는 셈입니다. 소비자가 제공한 유형의 가치인 현금은 상품권이 사용되기 전까지는 기업의 보유 자산이 됩니다.

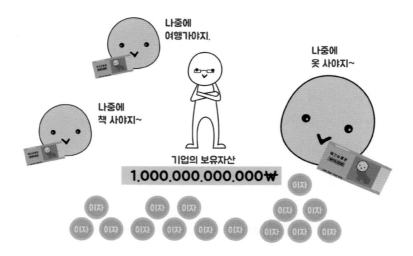

사람들이 대부분 상품권을 구매한 뒤 바로 사용하지 않으므로 이런 현금이 모이고 모여서 큰돈이 됩니다. 그러면 이 돈에서 이자 수익이 발생하고, 모인 금액이 클수록 이자 수익도 많아집니다. 모 상품권 업체의 2016년 감사 보고서를 보면 이자 수익이 약 11억 5천만 원, 기타 수익이 약 14억 6천만 원이었습니다. 또한 많은 사람이 상품권을 구매하거나 선물 받은 사실을 잊어버리고 사용하지 않습니다. 상품권의 유효기간인 5년이 지나면 이 돈은 자동으로 상품권 업체의 수익이 되는데, 앞서 말한 감사보고서에서는 무려 71억 원이나 되었습니다. 이 업체의 영업 수익이 321억 원이었던 점을 고려하면 상당히 많은 금액이 영업 외 수익으로 발생한 것을 알 수 있습니다. **낙전 수입**(소비자가 정액 상품의 사용 한도액을 다 쓰지 않고 남겨서 기업이 얻는 부가 수입), 즉 공짜 수익이 엄청납니다. 이런 비정상적인 형태의 수익 구조가 어떻게 가능한 걸까요?

초창기 상품권은 1961년부터 유통되기 시작했습니다. 현금을 대신할 수 있기에 고급 선물로 인식되며 많은 인기를 누렸습니다. 하지만 자금 추적이 어려워서 비자금 조성이나 탈세 등으로 악용되는 사례가 많았습니다. 결국 이를 막기 위해 1994년 상품권법이 등장합니다. 그러나 1999년 IMF 외환위기 이후에 소비 활성화를 위해 상품권법을 폐지하면서 인지세만 내면 상품권을 '무제한'으로 발행할 수 있게 되었습니다.

상품권 판매 업체는 당연히 상품권의 유통량을 최대한 늘려야 이익이 높아지므로 본래의 가치보다 저렴한 가격에 상품권을 판매합니다. 사실 이런 과정에서 가장 이득을 보는 사람은 상품권 사용자

입니다. 본래의 가치보다 저렴하게 구매해서 본래의 가치로 이용할 수 있기 때문입니다. 즉, 돈 놓고 돈 먹는 일입니다.

만약 아주 많은 수의 사용자가 동시에 상품권을 이용해 결제한다면 상품권 판매 업체는 사용처에 돈을 지불하지 못해 파산할 겁니다. 이는 **뱅크 런**bank run과 유사한 상황입니다. 뱅크 런은 은행의 재정 상태가 불안정하다고 생각한 다수의 고객이 은행에 맡겼던 돈을 동시에 찾는 현상을 말합니다. 많은 사람이 동시에 돈을 인출하려고 하면 은행은 그 돈을 다 줄 능력이 없습니다. 이런 일이 벌어질 수 있다는 게 흥미롭지 않나요?

36

상품권 번호를 무작위로 찍어서
맞힐 수 있을까?

온라인에서 상품권을 사용하려면 상품권 고유 번호를 입력하는 절차가 필요합니다. 상품권 고유 번호는 당연히 구매자만 확인할 수 있으므로 제삼자가 자신이 구매하지 않은 상품권의 고유 번호를 입력할 일은 없습니다. 하지만 아무 번호나 입력해서 실제 발행된 상품권의 고유 번호를 맞출 수도 있지 않을까요?

결론을 말하자면 가능성이 아예 없는 것은 아니나 현실적으로 불가능하다고 봐야 합니다. 발행 업체마다 약간씩 차이가 있으나 우리가 주로 사용하는 상품권의 고유 번호는 16자리 또는 그 이상의 숫자나 문자 등으로 이루어져 있으며, 온라인 사용처에서 이 고유

* 이 글은 이준건 님(금호고등학교 교사)과 김연수 님(법무법인 명재 변호사)의 도움을 받았습니다.

번호를 정확히 입력해야 상품권 금액을 정상적으로 충전할 수 있습니다.

이해를 돕기 위해 16자리 숫자를 맞춘다고 가정하겠습니다. 이때 경우의 수를 따져 보면 각 자리에 0에서 9까지 10개의 숫자가 들어갈 수 있으므로 1경(10의 16제곱=10,000,000,000,000,000)이 됩니다. 여기서 숫자 하나를 맞출 확률은 1경분의 1이라고 할 수 있으나, 여러 장의 상품권이 발행된 것을 감안하면 확률이 조금 높아질 겁니다.

상품권이 넉넉하게 1억 장 정도 발행되었다고 가정한다면 하나의 숫자를 맞힐 확률은 1억분의 1입니다. '경'에서 '억'으로 단위가 바뀌니 이전보다는 확률이 괜찮아 보입니다. 하지만 로또 1등의 당첨 확률이 814만 5,060분의 1인 것을 생각하면 상품권 번호를 맞힐 확률은 말도 안 되게 희박하고, 맞힌다고 하더라도 얻을 수 있는 금액이 노력 대비 너무 적습니다.

1억분의 1의 확률을 노리고 무작위로 번호를 넣는 작업을 할 수는 있으나, 보안 설정이 없는 상태에서 16자리 숫자를 1초 만에 입력한다고 해도 최대 약 1,157일이 걸리므로 시간 낭비입니다. 설사 운 좋게 하루 만에 작업을 끝낸다 해도 그동안 상품권 업체에서 가만히 있는 것은 아닙니다.

이와 관련해 유명 상품권 업체 세 곳에 문의했습니다. 아무래도 질문이 질문인지라 답변이 제한적이었지만, 알아낸 내용을 정리하면 다음과 같습니다. 상품권 고유 번호 입력 과정에서 번호가 일치하지 않는 상황이 반복해서 발생하면 상품권 업체에서 해당 사용자에게 당일 충전 제한 조치를 내립니다. 그리고 이후에도 같은 상황이 반복되면 아예 사용 제한 조치를 내릴 수 있습니다. 또한 한 업체의 답변에 따르면 여태까지 상품권 번호를 찍어서 맞힌 사람은 한 명도 없었다고 합니다.

끝으로 상품권 업체에 정당한 금액을 지불하지 않고 상품권을 현금성 자산으로 활용할 경우 형사처벌을 받을 수 있습니다. 따라서 무작위로 상품권 번호를 입력하는 행위는 절대 해서는 안 됩니다.

37

중요한 장면에서 어떻게 시청률이 높아질까?

시청률은 특정 TV 프로그램을 시청하는 정도를 수치화한 것으로 프로그램의 인기를 평가하는 척도입니다. 방송사들의 공통된 목표가 있다면 높은 시청률일 겁니다. 시청률이 높은 프로그램은 비싼 가격으로 광고를 팔아서 많은 수익을 낼 수 있습니다. 이때 시청률은 시청자에게 접근하고 싶어 하는 광고주에게 얼마나 많은 사람이 해당 프로그램을 시청하는지 보여 주는 자료입니다. 방송사는 프로그램을 재밌게 만들어서 시청자를 모은 뒤 그 시청자가 광고를 보게 함으로써 수익을 내고, 이렇게 벌어들인 수익으로 계속해서 다음 프로그램을 제작할 수 있습니다. 만약 프로그램의 시청률이 저

* 이 글은 황성연 님(닐슨코리아)의 도움을 받았습니다.

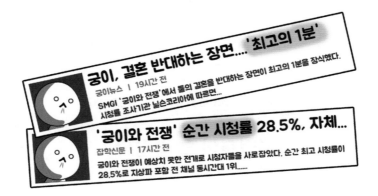

궁이, 결혼 반대하는 장면.... '최고의 1분'

궁이뉴스 | 19시간 전

SMGI '궁이와 전쟁'에서 둘의 결혼을 반대하는 장면이 최고의 1분을 장식했다.
시청률 조사기관 닐슨코리아에 따르면...

'궁이와 전쟁' 순간 시청률 28.5%, 자체...

잡학신문 | 17시간 전

궁이와 전쟁이 예상치 못한 전개로 시청자들을 사로잡았다. 순간 최고 시청률이
28.5%로 지상파 포함 전 채널 동시간대 1위......

조하면 광고가 잘 붙지 않으므로 조기 종영 또는 폐지 등의 조치를
합니다. 이런 과정이 존재하기에 시청자는 다양한 프로그램을 사실
상 무료로 볼 수 있는 겁니다.

그런데 언론에 어떤 TV 프로그램의 '최고의 1분' 또는 '순간 시청
률이 높았던 장면'이 소개되는 경우가 있습니다. 중요한 장면이 언
제 어떻게 나올 줄 알고 그에 맞춰 시청률이 높아지는 걸까요?

의문을 해결하기 위해서는 시청률이 어떻게 집계되는지 알아야
합니다. 우리나라에는 닐슨코리아와 TNMS 멀티미디어라는 양대
시청률 조사 기관이 있습니다. 기관 홈페이지에 들어가 보면 시청
률 조사 방법에 관해서 자세히 나와 있는데, 닐슨코리아의 경우 큰
틀에서 보면 다음과 같습니다.

시청률은 TV가 있는 모든 가구를 대상으로 하는 것이 아니라 모
집단을 대표하는 표본 가구를 대상으로 조사합니다. 표본 가구는
지역, 보유 TV 수, 가구 구성원 수, 구성원의 성별과 나이 등에 관한

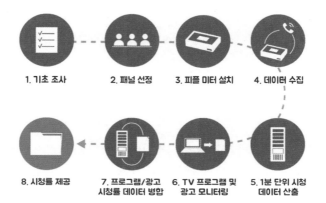

1. 기초 조사　2. 패널 선정　3. 피플 미터 설치　4. 데이터 수집

8. 시청률 제공　7. 프로그램/광고 시청률 데이터 병합　6. TV 프로그램 및 광고 모니터링　5. 1분 단위 시청 데이터 산출

매우 신중한 기초 조사를 거쳐 선정합니다. 이렇게 선정한 약 4,200 가구에 피플 미터people meter라는 조사 기기를 설치해서 시청률 데이터를 수집합니다. 가구 구성원은 TV를 시청할 때마다 자신의 고유 번호를 입력해서 다른 구성원의 시청 기록과 구별될 수 있도록 해야 합니다. 수집된 데이터는 매일 새벽 2시에 닐슨 본사로 전달되고, 불량 데이터를 제외한 후 시청률 집계에 활용됩니다.

　그렇다면 중요한 장면에서 시청률이 높아지는 이유가 뭘까요? 채널을 돌리다가 우연히 그 순간에 해당 프로그램에서 많은 사람이 멈춘 걸까요?

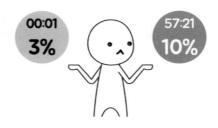

시청률 조사는 기본적으로 1분 단위로 진행합니다. 그러니까 70분짜리 드라마가 있으면 1분 단위 시청률 70개를 종합해서 평균을 내는 식입니다. 참고로 최소 30초 이상 시청해야 수치가 집계되므로 단순히 채널을 돌리는 과정에서는 집계되지 않습니다.

인기 프로그램이 방송을 시작하면 시청률이 서서히 올라가기 시작합니다. 프로그램이 진행되는 중간에 이탈하는 시청자도 있고 새로 유입되는 시청자도 있을 겁니다. 유입되는 시청자가 이탈하는 시청자보다 더 많으면 시청률은 올라갑니다.

그런데 아무리 재미있는 프로그램도 처음부터 끝까지 극적인 장면만 이어지는 것은 아닙니다. 보통 중요한 장면은 한 회 영상의 막바지에 나오며, 여기까지 시청자를 끌고 가기 위해 제작자가 미끼를 계속해서 던집니다. 미끼를 문 시청자는 중요한 장면을 보기 위해 이탈하지 않고 기다릴 겁니다. 이런 시청자들이 점점 모이면서

시청률은 계속 올라갑니다.

　여기에 의문을 해결할 수 있는 실마리가 있습니다. '최고의 1분' 또는 '순간 시청률'이라는 단어 때문에 특정 순간에만 시청률이 높은 것처럼 보이나, 시청률은 흐름의 결과물입니다. 즉, 어느 순간에 시청률이 가장 높은 것은 맞지만 그 전과 후의 시청률 수치도 어느 정도 비슷합니다. 콕 집어서 해당 부분을 언급하니 유독 그 부분만 높은 것처럼 보일 뿐입니다.

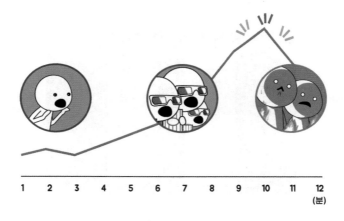

| 1 | 2 | 3 | 4 | 5 | 6 | 7 | 8 | 9 | 10 | 11 | 12 |

(분)

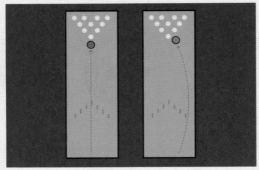

궁이는 잘 치니까 당연히 오른쪽~

38

볼링 선수들은 왜 공에
스핀을 줄까?

　볼링은 진자 운동의 원리를 응용해 공을 굴려 멀리 떨어져 있는 10개의 핀을 쓰러뜨리는 스포츠입니다. 볼링을 쳐 본 경험이 별로 없는 사람이 볼링장에 가면 핀을 향해 공을 일직선으로 굴리곤 합니다. 반면에 볼링을 좀 친다 하는 사람들은 대부분 공에 스핀을 줘서 공이 포물선을 그리면서 굴러가게 합니다. 포물선을 그리며 굴러가는 공을 보면 확실히 일직선으로 굴러갈 때보다 멋있습니다. 하지만 두 방법 사이에 그다지 차이가 없는 결과가 나오기도 하고, 때로는 포물선을 그리며 굴러간 쪽이 오히려 레일 양쪽에 고랑처럼 파인 거터gutter에 빠지기도 합니다. 그런 모습을 보면 왜 굳이 위험

---

* 이 글은 볼링 유튜브 랑권TV의 도움을 받았습니다.

5부 몰라도 되지만 어쩐지 알고 싶은 잡학 상식

하게 공에 스핀을 주는지 의문이 생기는데, 그 이유는 한 번에 핀을 전부 쓰러뜨리는 스트라이크의 확률을 높이기 위해서입니다.

스핀이 어떻게 스트라이크 확률을 높일 수 있을까요? 초보자는 스트라이크를 치려면 맨 앞에 있는 1번 핀의 정중앙을 공으로 강하게 쳐서 밀어내야 한다고 생각할 겁니다. 하지만 정중앙을 노리고 볼링공을 굴리면 뜻대로 굴러가지 않습니다. 오차가 발생할 수밖에 없고, 핀에 부딪힌 공은 진행 방향을 틉니다. 1번 핀 뒤에 숨어 있는 5번 핀은 잘 안 넘어가는데, 스트라이크 확률을 높이기 위해서는 1번 핀이 아니라 바로 이 5번 핀(킹핀이라고도 함)을 노려야 합니다. 참고로 1번과 2번 핀 사이 또는 1번과 3번 핀 사이를 포켓존이라고 합니다. 포켓존을 공략해야 5번 핀을 쓰러뜨릴 수 있고, 그러기 위해서는 공을 직선이 아닌 포물선으로 굴려야 합니다. 즉, 공에 스핀을 주는 이유는 포켓존을 공략하기 위해서입니다.

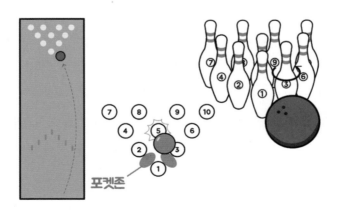

볼링공이 회전하는 채로 핀에 부딪히면 여기에 맞은 핀은 그 반대 방향으로 회전하려고 하므로 움직임이 커지고, 이에 따라 주변 핀들과 부딪힐 가능성이 높아져 결과적으로 스트라이크 확률을 높일 수 있습니다.

또한 회전하는 볼링공은 일직선으로 굴러가는 공보다 더 강력한 힘을 핀에 전달할 수 있습니다. 왜냐하면 볼링장의 레인은 단순히 매끈한 나무판자 39쪽을 세로로 깔아서 만든 것이 아니기 때문입니다. 공이 굴러가는 마루인 레인의 길이는 약 19.14미터인데, 이 가운데 공이 굴러가기 시작하는 지점부터 11~13.4미터까지의 구간에 기름칠을 해 놓는다는 점이 중요합니다. 이 구간을 오일 존oil zone이라고 하고, 그 뒤쪽의 기름칠이 안 된 구간을 드라이 존dry zone이라고 합니다.

공에 스핀을 줬을 때 화려하게 휘는 것은 오일 존에서 미끄러지듯이 굴러가던 공이 드라이 존에 진입하면서 공과 바닥 사이의 마찰력이 증가하고, 여기에 스핀으로 만들어진 회전력이 작용해 공의

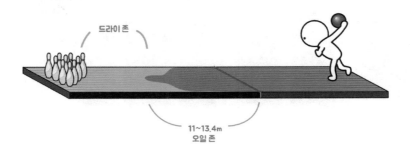

드라이 존

11~13.4m
오일 존

방향이 갑자기 틀어지기 때문입니다. 레인의 오일 패턴은 매우 다양하나, 일반 볼링장에는 다섯 가지 패턴이 존재합니다. 이 패턴을 빨리 파악해서 알맞게 공을 굴려야 좋은 성적을 낼 수 있습니다.

끝으로, 볼링공을 굴리고 나면 자동으로 공이 되돌아오는데, 이때 돌아온 볼링공을 닦아 주는 사람이 많습니다. 공을 닦는 이유는 오일 존을 지나면서 묻은 기름을 제거하기 위해서입니다. 공에 기름

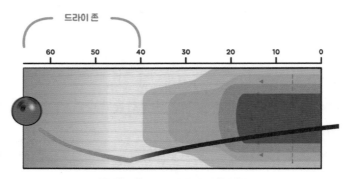

*어떤 공을 사용하느냐에 따라 결과가 다를 수 있음.

오일 존의 패턴을 파악해 공을 굴리는 것이 포인트!

이 너무 많이 묻어 있으면 드라이 존에서도 오일 존에서처럼 공이 쭉 미끄러지므로 컨트롤이 힘듭니다.

39

대리운전 기사는 목적지에 도착한 후 어떻게 되돌아갈까?

집 다음으로 비싼 재산이 있다면 아마 자동차일 겁니다. 그래서 아무한테나 쉽게 자기 차의 운전대를 넘겨주지 않습니다. 하지만 전혀 모르는 낯선 사람에게 운전을 맡길 때가 있는데, 바로 대리운전 기사를 불렀을 때입니다. 대리운전 기사는 차주가 자동차를 몰고 밖에 나갔다가 음주 등의 이유로 운전할 수 없는 상태가 됐을 때 일회성으로 대신 운전해 주는 일을 합니다. 예전에는 부업으로 많이 택하던 직업 중의 하나였는데, 요즘은 대리기사 열 명 중 일곱 명이 전업으로 활동한다고 합니다.

그런데 이렇게 고객의 차를 대신 운전해서 고객을 집까지 데려다준 후에 대리운전 기사는 어떻게 되돌아갈까요? 이들이 활동하는 시간대는 주로 야간이라서 대중교통을 이용하기도 쉽지 않은데 말입니다. 그저 도착 지점에서 계속 새로운 요청을 기다리는 걸까요?

일단 대리운전 시스템이 어떤 식으로 이루어지는지 알아보는 게 좋을 것 같습니다. 대리운전 기사로 활동하려면 대리운전 회사에 등록해야 합니다. 대리운전 회사는 기사를 필요로 하는 고객의 연락을 받아 고객의 위치와 목적지를 확인한 다음에 대리운전 프로그램을 통해 요청을 접수합니다. 그러면 대리운전 기사의 스마트폰에 설치된 프로그램에 알림이 뜹니다. 기사는 고객의 위치와 목적지가 마음에 들면 요청을 수락하고, 그렇지 않으면 그냥 넘기면 됩니다. 이런 시스템 덕분에 고객의 요청이 여러 대기운전 기사들에게 동시다발적으로 전달되어, 고객이 어디에 있든 고객과 가까이 위치한 기사를 연결해 줄 수 있습니다.

요청을 수락한 대리운전 기사는 고객이 있는 곳으로 가서 차 키를 받은 후에 고객을 태우고 목적지까지 운행합니다. 목적지에 도착해 운전비를 받으면 그 돈의 20~25퍼센트를 중개 수수료로 대리운전 회사에 지불합니다. 여기까지는 쉽게 알 만한 내용입니다. 그렇다면 이다음에 대리운전 기사는 어떻게 할까요?

여러 방법이 있습니다. 도착한 위치가 다시 대리운전 요청을 받기에 괜찮은 지역이라면 이동 없이 그곳에서 다음 의뢰를 기다립니다. 이런 식으로 이어서 일하며 밤을 샌 뒤 이른 아침에 첫차를 타고 집에 가면 됩니다. 또는 대리운전 기사끼리 택시 카풀을 합니다. 참고로 대리운전 프로그램에 카풀 할 사람을 모집하는 게시판이 있기도 합니다.

택시 카풀

전동 퀵 보드

심야 버스

듀오

아니면 2인 1조로 활동하는 방법도 있습니다. 한 명은 고객의 차를 대리운전하고, 나머지 한 명은 목적지에 도착한 기사를 데려오는 일을 합니다. 이런 식으로 협력해서 얻은 수입을 두 사람이 절반씩 나눈다고 합니다. 2인 1조로 일하면 아무래도 활동 영역이 넓어지고 앞선 일에서 그다음 일로 전환이 빨라져서, 둘로 나눈다고 해도 괜찮은 수익을 낼 수 있다고 합니다. 함께 일할 사람은 택시 카풀처럼 대리운전 프로그램을 이용해서 구할 수 있습니다.

이외에도 서울 지역에서 활동하는 기사들은 심야버스를 이용하기도 합니다. 전동 킥보드를 이용하거나 걸어서 이동하는 경우도 있다고 하니, 방법은 정말 다양한 것 같습니다.

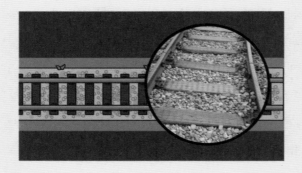

40

철로에 자갈을
깔아 놓은 이유는?

기찻길이나 지하철 역사에서 철로 바닥에 자갈이 깔린 것을 본 적이 있을 겁니다. 물론 요즘 지하철은 안전문이 설치되어 있어서 철로 안을 들여다보기가 어렵고, 자갈이 아닌 콘크리트로 된 철로도 많아서 못 본 사람도 있을 겁니다. 그런데 철로에 왜 자갈을 깔아 놨을까요? 혹여나 차량이 이동하는 도중에 자갈에 걸리기라도 하면 위험할 텐데 말입니다. 정확한 답을 위해 코레일 한국철도공사에 문의해서 답변을 받았습니다.

먼저 기차가 다니는 길인 궤도는 **레일**과 레일을 받치는 나무토막인 **침목**, 철로의 토대가 되는 바닥인 **노반** 등으로 구성됩니다. 궤도의 구조에서 침목과 노반 사이에 있는 부분을 **도상**이라고 하며, 도상은 침목을 정해진 위치에 고정시키고 침목으로부터 전달되는 하중을 넓게 분산시켜 노반에 전달하는 역할을 합니다. 도상이 자갈로 이루어지면 **자갈 도상 궤도**, 콘크리트로 이루어지면 **콘크리트 도상 궤도**(슬래브 궤도)라고 합니다.

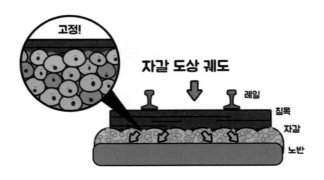

앞선 의문과 관련된 자갈 도상 궤도부터 알아보겠습니다. 자갈 도상 궤도를 깔면 전동차의 하중이 자갈에 의해 고르게 분산되어 진동과 소음이 적어서 승차감이 좋습니다. 또한 철로에 풀이 나는 것을 막고, 빗물이 고이지 않도록 해 줍니다. 자갈만 깔면 되므로 초기 시공이 간편하며 건설비도 저렴합니다. 이외에도 레일과 침목 등의 변형이 쉬워서 보수 작업이 수월하다는 장점이 있지만, 변형이 쉬운 만큼 주기적인 관리가 필요합니다. 즉, 전동차의 하중에 의해 내려앉은 자갈을 도상 다짐을 통해 재정비해 줘야 하므로 효율이 떨어지고 유지 비용이 많이 든다는 단점이 있습니다.

자갈 도상 궤도는 날씨의 영향에도 취약해서 홍수나 산사태 등 재해가 일어나면 복구에 시간이 많이 걸립니다. 또한 자갈끼리 부

자갈 도상 궤도는 건설비가 저렴하고 승차감이 좋은 대신 주기적인 관리가 필요하다.

닷치면서 석분과 비산, 먼지 등이 발생하므로 폐쇄된 환경의 지하철역에 사용하기에는 좋지 않습니다. 그래서 자갈 궤도는 환기가 잘되는 지상 지하철역이나 기찻길에서 주로 볼 수 있습니다. 물론 폐쇄된 공간에도 자갈 도상 궤도가 설치된 경우가 있지만, 이때 사용된 자갈은 세척을 거쳐서 비교적 안전합니다.

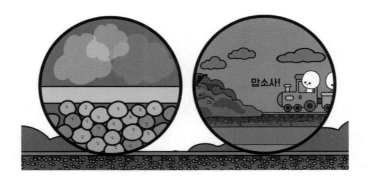

콘크리트 도상 궤도는 건설비가 비싸고 보수나 변경이 어렵지만 오래 쓸 수 있다.

자갈 도상 궤도와 비교하면 콘크리트 도상 궤도는 먼지가 덜 발생합니다. 대신 초기 건설비가 비싸고, 시공이 오래 걸립니다. 또한 한번 깔아 놓은 다음에는 보수와 선형 변경이 어렵고, 소음과 진동이 큰 편이라서 승차감이 떨어질 수 있다는 점 등의 단점이 있습니다. 소음과 진동을 보완하기 위해 별도의 완충재를 넣기도 합니다. 그래도 자갈 도상 궤도처럼 주기적으로 유지 관리를 하지 않아도 되고, 배수가 잘되므로 날씨의 영향을 덜 받습니다. 따라서 장기적으로 보면 자갈 도상 궤도보다 내구 연한(원래 상태대로 사용할 수 있는 기간)이 깁니다.

어떤 도상이 더 좋다 나쁘다를 단정 지을 수는 없으나, 미국과 일본 등은 콘크리트 도상 궤도를 더 경제성이 있다고 평가하고 있습니다. 나중에 지하철이나 기차를 타게 되면 철로를 한번 살펴보고, 궤도가 어떻게 되어 있는지 확인해 보길 바랍니다.

참고 문헌

1부 사소해서 물어보지 못했던 몸에 관한 이야기

1 아침에 일어난 직후는 왜 그렇게 피곤할까?

Patel, Aakash K., Vamsi Reddy, John F. Araujo, "Physiology, Sleep Stages," *StatPearls*, January, 2020. https://www.ncbi.nlm.nih.gov/books/NBK526132/.

5 눈물 언덕을 누르면 왜 소리가 날까?

김준성, 조경준, 송종석, 「청소년에서 컴퓨터 작업의 종류와 작업 시간이 눈 깜박임 횟수와 안구건조에 미치는 영향」, 《대한안과학회지》 48권 11호, 대한안과학회, 2007.

6 신생아의 탯줄을 안 자르면 어떻게 될까?

WHO e-Library of Evidence for Nutrition Actions, "Optimal Timing of Cord Clamping for the Prevention of Iron Deficiency Anaemia in Infants." https://www.who.int/elena/titles/full_recommendations/cord_clamping/en/.

7 사람은 눈을 뜨고 죽을까 감고 죽을까?

Ad, Macleod, "Eyelid Closure at Death," *Indian Journal of Palliative Care* 15, no. 2: 108–110, 2009.

8 신체 외부는 좌우대칭인데 내부는 왜 비대칭일까?

Blum, Martin and Philipp Vick, "Left – Right Asymmetry: Cilia and Calcium Revisite," *Current Biology* 25, no. 5: R205–R207, 2015.

Blum, Martin and Tim Ott, "Animal Left – Right Asymmetry," *Current Biology* 28, no. 7: R301–R304, 2018.

Maerker, Markus, Maike Getwan, Megan E. Dowdle, José L. Pelliccia, Jason C. McSheene, Valeria Yartseva, Katsura Minegishi, Philipp Vick, Antonio J. Giraldez, Hiroshi Hamada, Rebecca D. Burdine, Michael D. Sheets, Axel Schweickert, Martin Blum, "Bicc1 and Dicer Regulate Left–Right Patterning through Posttranscriptional Control of the Nodal–inhibitor Dand5," *BioRxiv*, January 29, 2020. https://doi.org/10.1101/2020.01.29.924456.

Raya, Ángel, Yasuhiko Kawakami, Concepción Rodríguez-Esteban, Marta Ibañes, Diego Rasskin-Gutman, Joaquín Rodríguez-León, Dirk Büscher, José A. Feijó, Juan Carlos Izpisúa Belmonte, "Notch

Activity Acts as a Sensor for Extracellular Calcium during Vertebrate Left - Right Determination," *Nature* 427: 121 - 128, 2004.

9 감기에 걸리면 왜 한쪽 코만 주로 막힐까?

Hanif, J., S. S. M. Jawad, R. Eccles, "The Nasal Cycle in Health and Disease," *Clinical Otolaryngology* 25: 461-467, 2000.

Hummel , Thomas and Antje Welge-Lüssen, "Taste and Smell: An Update," *Advances in Oto-Rhino-Laryngology* 63, 2006.

Keck, T., R. Leiacker, A. Heinrich, S. Kühnemann, G. Rettinger, "Humidity and Temperature Profile in the Nasal Cavity," *Rhinology* 38, no. 4:167-171, 2000.

White, David E., Jim Bartley, Roy J. Nates, "Model Demonstrates Functional Purpose of the Nasal Cycle," *BioMedical Engineering OnLine* 14, no. 38, 2015. https://doi.org/10.1186/s12938-015-0034-4.

2부 엉뚱하고 흥미진진한 궁이 실험실

15 멈춘 에스컬레이터를 걸어가면 왜 이상한 느낌이 들까?

Reynolds, R. F. and A. M. Bronstein, "The Broken Escalator Phenomenon. Aftereffect of Walking onto a Moving Platform," *Experimental Brain Research* 151, no. 3: 301-308, 2003.

Reynolds, R. F. and A. M. Bronstein, "The Moving Platform Aftereffect: Limited Generalization of a Locomotor Adaptation," *Journal of Neurophysiology* 91, no. 1: 92-100, 2004.

17 물수제비의 원리가 뭘까?

Bocquet, Lyderic, "The Physics of Stone Skipping," *American Journal of Physics* 71, no. 2, 2003.

Rosellini, Lionel, Fabien Hersen, Christopher Clanet, Lyderic Bocquet, "Skipping Stones," *Journal of Fluid Mechanics* 543, no. 137-146, 2005.

Clanet, Christopher, Fabien Hersen, Bocquet, Lyderic Bocquet, "Secrets of Successful Stone-Skipping," *Nature* 427, no. 29, 2004.

NASA Authorization Subcommittee, *NASA Supplemental Authorization for Fiscal Year 1959*, 1959.

Timoshina, Tatiana, "75th Anniversary of the Dambusters", Royal Airforce Museum Website, May 16, 2018. https://www.rafmuseum.org.uk/blog/75th-anniversary-of-the-dambusters.

3부 알아 두면 쓸데 있는 생활 궁금증

19 다 같이 쓰는 공중화장실의 고체 비누는 과연 깨끗할까?

Bannan, E. A. and L. F. Judge, "Bacteriological Studies Relating to Handwashing. 1. The Inability of

Soap Bars to Transmit Bacteria," *American Journal of Public Health* 55, no. 6: 915–922, 1965.

Heinze, J. E. and F. Yackovich, "Washing With Contaminated Bar Soap Is Unlikely To Transfer Bacteria," *Epidemology and Infection* 101, no. 1: 135–142, 1988.

21 술을 마신 다음 날에 왜 일찍 깰까?

삼성서울병원 임상영양팀, 「술, 담배와 건강 — 술 처리공장: 간」, 삼성서울병원 홈페이지, 2014. 6. 9. http://samsunghospital.com/home/healthInfo/content/contenView.do?CONT_SRC_ID=28642&CONT_SRC=HOMEPAGE&CONT_ID=4556&CONT_CLS_CD=001021002004.

유선홍, 「알코올 분해과정 파헤치기: 술이 세다고 간이 튼튼하지 않아요」, 가톨릭대인천성모병원 네이버포스트, 2019. 12. 5. http://naver.me/GIjRUJzJ.

Roehrs, Timothy and Thomas Roth, "Sleep, Sleepiness, and Alcohol Use," *Alcohol Research & Health* 25, no. 2: 101–109, 2001.

Stone, Barbara M., "Sleep and Low Doses of Alcohol," *Electroencephalography and Clinical Neurophysiology* 48, no. 6: 706–709, 1980.

22 왜 비가 올 때 우산을 써도 바지 밑단이 젖을까?

「최원찬 군 "빗길 걸을 때 신발에서 물 안 튀게… 바닥 무늬 바꿔가며 실험"」, 《동아닷컴》, 2018. 8. 14. https://www.donga.com/news/Society/article/all/20180814/91504321/1.

Shelley, Michae, Jake Fontana, Peter Palffy-Muhoray, "Walking on Water: Why Your Feet Get Wet," American Physical Society (APS) March Meeting, 2009.

23 창문이 열려 있으면 방문이 세게 닫히는 이유는?

Marshall, D. A., T. O. Hands, I. Griffiths, G. Douglas, "Slamming Doors due to Open Windows," *Journal of Physics Special Topics*, University of Leicester, 2011.

4부 신기하지만 물어본 적 없는 동물에 관한 이야기

28 물고기도 고통을 느낄 수 있을까?

이양균, 「통증의 정의와 분류」, 《대한임상통증학회지》, vol. 1, no. 1, 2002.

Diggles, Ben, "Fish Facts: Can Fish Really Feel Pain?," *Fishing World*, April 4, 2013.

Kirby, Alex, "Fish Do Feel Pain, Scientists Say," *BBC News*, April 30, 2003.

Magee, Barry and Robert W. Elwood, "Shock Avoidance by Discrimination Learning in the Shore Crab (*Carcinus maenas*) Is Consistent with a Key Criterion for Pain," *Journal of Experimental Biology* 216, 353–358, 2013.

Nordgreen, Janicke, Joseph P. Garner, Andrew Michael Janczak, Birgit Ranheim, William M. Muir, Tor Einar Horsberg, "Thermonociception in Fish: Effects of Two Different Doses of Morphine on Thermal Threshold and Post-Test Behaviour in Goldfish (*Carassius auratus*)," *Applied Animal Behaviour*

Science, 119: 101–107, 2009.

Rose, Jacquelyn D., "The Neurobehavioral Nature of Fishes and the Question of Awareness and Pain," *Reviews in Fisheries Science* 10, no. 1: 1 – 38, 2002.

Rose, J. D., R. Arlinghaus, Steven J. Cooke, B. K. Diggles, W. Sawynok, E. D. Stevens, C. D.L. Wynne, "Can Fish Really Feel Pain?," *Fish and Fisheries* 15, no. 1: 97–133, 2012.

Sneddo, L. U., V. A. Braithwait, M. J. Gentle, "Do Fishes Have Nociceptors? Evidence for the Evolution of a Vertebrate Sensory System," *Proceedings of the Royal Society B* 270: 1115 – 1121, 2003.

30 기린도 구토를 할까?

Eiler, Hugo, W. A. Lyke, Richard T. Johnson, "Internal Vomiting in the Ruminant: Effect of Apomorphine on Ruminal pH in Sheep," *American Journal of Veterinary Research* 42, no. 2, 1981.

31 복어는 어떻게 몸을 부풀리고 치명적인 독을 만들까?

〈日 연구진, 독 없는 복어 양식법 개발〉, 《연합뉴스》, 2004. 6. 10.

McGee, Georgia E. and Timothy D. Clark, "All Puffed Out: Do Pufferfish Hold Their Breath While Inflated?," *Biology Letters* 10, 2014.

32 인간만의 고유한 유전자를 동물에게 삽입하면 어떻게 될까?

Herculano-Houzel, Suzana. "The Remarkable, Yet Not Extraordinary, Human Brain as a Scaled-Up Primate Brain and Its Associated Cost." *Proceedings of the National Academy of Sciences* 109, supplement 1: 10661–10668, 2012.

Florio, Marta, et al., "Human-Specific Gene ARHGAP11B Promotes Basal Progenitor Amplification and Neocortex Expansion." *Science* 347: 1465–1470, 2015.

Heide, Michael, Christiane Haffner, Ayako Murayama, Yoko Kurotaki, Haruka Shinohara, Hideyuki Okano, Erika Sasaki, Wieland B. Huttner, "Human-Specific ARHGAP11B Increases Size and Folding of Primate Neocortex in the Fetal Marmoset." *Science* 369: 546–550, 2020.

5부 몰라도 되지만 어쩐지 알고 싶은 잡학 상식

33 전쟁이 나면 교도소 수감자들은 어떻게 될까?

법무부 홈페이지 교정 통계. http://www.moj.go.kr/moj/2309/subview.do.

사소해서 물어보지 못했지만 궁금했던 이야기

1판 1쇄 발행 2020년 9월 16일
1판 23쇄 발행 2024년 8월 12일

지은이 사물궁이 잡학지식
펴낸이 김영곤
펴낸곳 (주)북이십일 아르테

편집 최윤지 김지영 **디자인** 채홍디자인
기획위원 장미희
출판마케팅영업본부 본부장 한충희
마케팅 남정한
영업 최명열 김다운 김도연 권채영
제작 이영민 권경민

출판등록 2000년 5월 6일 제406-2003-061호
주소 (10881) 경기도 파주시 회동길 201 (문발동)
대표전화 031-955-2100 **팩스** 031-955-2151 **이메일** book21@book21.co.kr

ISBN 978-89-509-9191-3 04400
      978-89-509-0014-4 (세트)

아르테는 (주)북이십일의 문학·교양 브랜드입니다.

(주)북이십일 경계를 허무는 콘텐츠 리더

페이스북 facebook.com/21arte 블로그 arte.kro.kr
인스타그램 instagram.com/21_arte 홈페이지 arte.book21.com